AF409433

Adult Activity Books Series

The Giant Book of

Minesweeper

1000 Easy to Hard Puzzles (10x10)

Vol. 51

Khalid Alzamili, Ph.D.

All rights reserved. No part of this book may be reproduced or used in any form without the express written permission of the author.

A Special Request

Your brief review could really help us.

Thank you for your support

August 2020

Copyright © 2020 Dr. Khalid Alzamili

ISBN: 9789922636764

Dr. Khalid Alzamili Pub

www.alzamili.com

Author Email : khalid@alzamili.com

CONTENTS

INTRODUCTION

Playing logic puzzle is not just a fun way to pass the time, due to its logical elements it has been found as a proven method of exercising and stimulating portions of your brain, training it even, if you will and just like training any other muscle regularly you can expect to see an improvement in cognitive functions. Some studies go as far as indicating regular puzzles can even help reduce the risk of Alzheimer's and other health problems in later life.

Minesweeper is a logic puzzle with simple rules and challenging solutions. It is well-known by the game in Microsoft Windows.

The rules of Minesweeper are simple, place mines into empty cells in the grid. The digits in the grid represent the number of mines in the neighboring cells, including diagonal ones.

			3		2	2		2	
3		5		4			2		1
1		3		4	2				1
	2			4			2	3	
2		1	1			2			2
	3		2	4		3	2	3	2
3		3		2		2			
		4		3	2		2	5	
2	4		3		1				
1			3	1		1		3	2

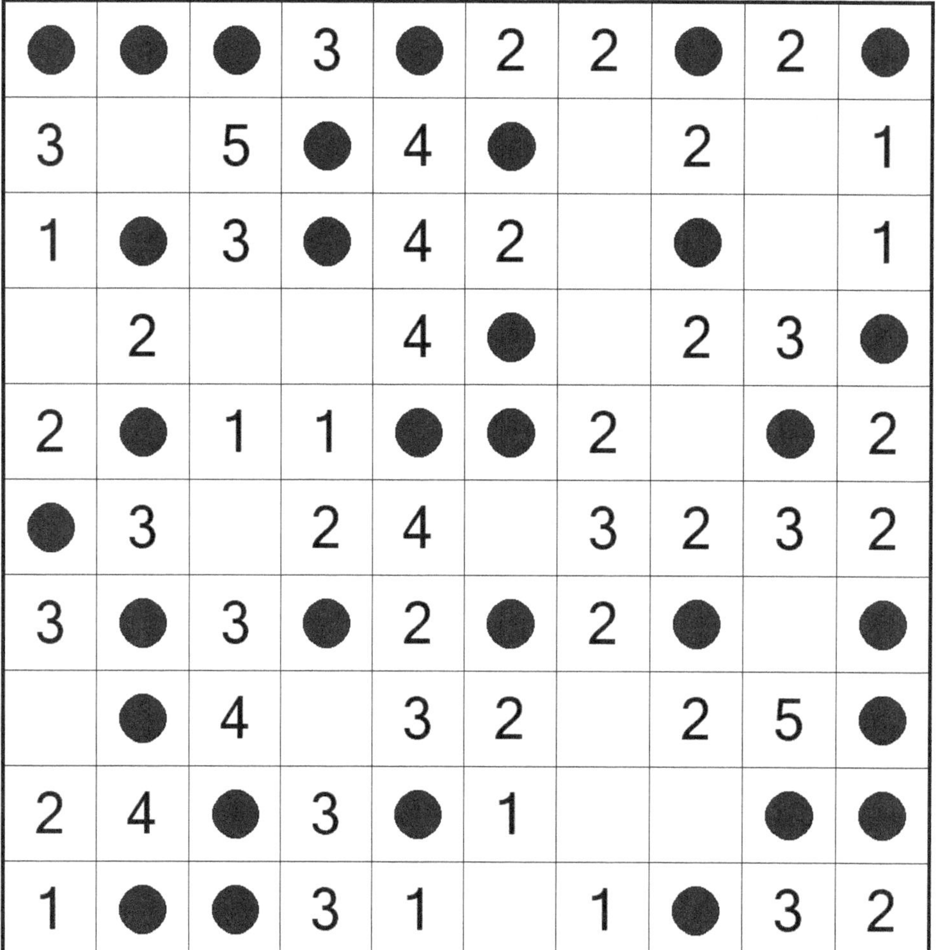

This Logic Puzzles book is packed with the following features:

- 1000 Minesweeper (10x10) Puzzles from Easy to Hard.

- Answers to every puzzle are provided.

- Each puzzle is guaranteed to have only one solution.

We hope this will be an entertaining and uplifting mental workout, enjoy The Giant Book of Minesweeper.

Khalid Alzamili, Ph.D.

Easy (1)

C1	C2	C3	C4	C5	C6	C7	C8	C9	C10
1		2		2		1		2	
2	3		2			3			3
2				1			2		
	4	3		2		3	3	2	2
2		2	2		3				1
3	4			2		3		2	2
		3			4		3		2
3	5		4			3			2
3			6			3		4	2
			4		2			3	

Easy (2)

C1	C2	C3	C4	C5	C6	C7	C8	C9	C10
	1	2		2		2		2	1
1		2	2	3	3				1
2	2		2				2		1
3			3		4	2		1	1
		4			2		1	2	
4		3		2	3			2	2
	2		3				3		2
2				5		4			1
1		3			3		4	2	
1	1	2	1	1	1				1

Easy (3)

C1	C2	C3	C4	C5	C6	C7	C8	C9	C10
		2	3		2		2		1
2				3				3	
	4						3		
	5				3	1	3		4
2			5			1	3	4	
	4			3					2
1	2		2			5		5	
	2	2	3		4			5	
3		3	2		3	4			3
				1			4		2

Easy (4)

C1	C2	C3	C4	C5	C6	C7	C8	C9	C10
1			2	2		3	2	2	1
	3	4		2	2			2	
2				1	2				1
	5	3		1			2	3	1
			2		2				2
	6			1			5		2
3			3			3		4	2
	6		4						1
	5			3	3	3		5	3
1			3		1		2		

Easy (5)

C1	C2	C3	C4	C5	C6	C7	C8	C9	C10
2		3		2	3		5		2
2		4	2	2					2
2	3		2	2	3	4		3	1
	3	3	4		1	2	3	3	1
2	4			3	2	1			2
1			4		2	3	4	4	
2	3	3	3	3	3			3	2
	3	3		4		4	4		2
	3				2	2		3	
1	2	2	3	2	1	1	1	2	1

Easy (6)

C1	C2	C3	C4	C5	C6	C7	C8	C9	C10
1			2		2		2		
2	5		4	2	1	2	2		2
	4			1		1	2		1
1	3			2				3	2
1	2	3		3		2			1
3		4			1		2	2	
		4	2	1	1			2	1
3			3					2	
	2			2	2		2		2
1	1			1	2		2		

Solution on Page (170)

Easy (7)

1		2	2			1	2	3	
	2			2	3				
1		2	2			4		4	
	3		1	2	3			4	3
		1		1		3	3		
1	1		2		2		1		
1		2			1	1	3	2	
	4			3	3	3		1	
	4		3				4		
1	2	1			2	2	2	2	

Easy (8)

1	3			2		2	2		1
			4	3				3	
		1	2		4			3	
	4			3	4	4			2
3					2			3	
	4	5	5	3		1			2
					1	1	2	2	2
1	4		4			3			1
3			4	3				4	3
				1		2			

Easy (9)

		1	2		3			3	
2	4		4		4			6	3
2				1					
	5		3	1	1		4		3
3		4			1			3	
			2			2		2	
2		5			3		3		2
2	3			2			2		1
			3	2		2		2	2
1	1	1	1		2		2		1

Easy (10)

1		2		1	2		3		1
	2	3					4		2
2			2	2			3		2
				4		3	2		2
		4	3				2	3	
4					4		1		
4		3			5	3	4	4	3
			2						1
3	4	2	2		4		4	4	3
	2		1			1			

Easy (11)

	2		3			2	2	3	2
2	3				4	4	3		
	1			2				4	5
2	3		2			2	1		3
	2		3	2			1	2	
1		2				2		2	1
1	2		3	2			5		
	5					2			1
				2	2	4	4		2
	4	3	2			2		2	

Easy (12)

		3		1	1		1		
4		4		2			1	2	2
	2	2		1	1	2	2	2	
3	3	3	3		2	3		5	3
		3			4				
			3		4				2
3	3	2	2		2	1		1	1
	2	2				1			1
3		3		2	1		4	4	
			2						

Easy (13)

2		3			2		2		
2			3	2			3	4	4
	4	4					2	4	
		2		2	1				3
3	3	2	1				4		2
	2			4				2	2
2			4		4				2
		2		3			2		2
	2		2	3	3	3	3	3	2
1		1			2				1

Easy (14)

	3			2	2	1			1
	4		4		4		3	1	1
2		2		3			3		
2		4	2			5		4	
2		4		3			4		5
	4			3			3		
2			3		3		3	2	2
	3	2	3			2	2		1
2		2		3	2				3
		1		2			1		

Easy (15)

1	1	1	1	2				3	
2		2	1		5	5	4		3
2		3	2	3			4	4	
2	2	2		3	5		6		
	3	3	2	3					3
		4		4	3	6		5	2
5		6		4		3		3	
		5		5	2	2	1	2	1
3	3	3			3	3	3	3	2
	1	1	2	3					

Easy (16)

		3		2		2		2	
4			2			3	2	3	1
3		3	2		1			2	
	3			3	3		3		2
2		2			2			2	
	2		4		4	3	3		3
	3			4					
2		3				5			
	3		2	4		5		5	
1			1	2			1		

Easy (17)

1		2		2		1	1		1
	1		3		3			2	2
2	2	3							1
				3	2	1	3	2	2
2		3	2	2	1	2	2		1
1	2		1	1				3	
2		2	1		1	3	4		2
	2		1	1	1				2
2	2	1	3		3	2		3	
							2		1

Easy (18)

		2	1	1		4			
	4				3				2
2		2	2	2		4	2	2	
	3			2		3		2	
	6	3			1	2			2
		3	2		1				1
	5			2		2		2	
3		4			2	2		3	
	3		4		2			4	2
1	3			1			1	2	

Solution on Page (170)

Easy (19)

1			2		2				1
3	4	4		4	4			3	2
			3				3	2	1
		3		3			5		2
2	3			1					3
		2				3	3		2
2	3		2		2			2	1
	2			1	3	2		2	2
2		2	3	2				2	1
	2				2	1	2	1	1

Easy (20)

1	3		3		1			2	
2			3		1	2	3	4	2
		2	2	2					1
	5		3				2	2	
			4			1	1	1	
	5		5		6	3	2		1
1			4				3	2	2
	5			4		3	3		2
	4		5		4		4		3
1				3				3	

Easy (21)

	2		1		2		2	2	2
3		1	1	1	3	2			
	3	3	2				4	5	
	3			1		3			3
2		3		2	1	3		6	
	4	2			1	3		5	
	3			2	2			3	1
	3		3		1	2	3	3	
1				2	2	1			1
	2		2			1		2	1

Easy (22)

	2			1		2		1	1
3	4		2		2		2		1
		2		2		3	4	2	
2		4	4		2				1
	2			3		3	2	2	
1		4				2	2	3	2
	2			4	3	3			1
2			4			2	2	3	
3			4		3				
	3	3		2	1			2	1

Easy (23)

	2		2		2		2		1
1		1		3	4		2		1
1	1	1	1			1		1	1
					3		1		1
2	3	2	2	3		2		3	
	2					2			
2	3	2	3	3	4		4	3	3
	2			1	2		3		2
2	3		3	3	3	2		4	
	2						1		

Easy (24)

	3		2		2	1	2		1
	4	3	5	3			3	3	
3					3				
	5		3	3			3	3	2
3	4		3					2	
2		4		2			3		
	4		3		5			4	
	5		2	2				3	
		3		3	4				2
2	3			2	1	1			

Solution on Pages (170-171)

Easy (25)

1	2		2	2	3	2	2		1
	4						4	4	
			2			4			
3	3	2		3	3				3
		2			2		4	4	3
2		3		5		3	3		
2			4				3	4	
3				3	4				3
3		5	3				4		3
2						2	1	3	2

Easy (26)

1	2	3	2	2	1		1	2	
3						2			2
				3	3		3	4	
2	4		3	2				4	
	3	3			4	5	4		2
1			3			2		3	
2	4			2	2	2		3	
1		2	2		2	2		4	
	2		2						
	2				2	2	2	2	1

Easy (27)

3		3	1	2			2		1
			2	2		3	3	2	2
3	5		2	2	3	3	2		1
	2	1	1	1			3	3	2
1	2	1	2	2	3	4		3	
1	2		2		1	2		3	1
2		3	2	2	2	3	2	3	1
2		3	2	3		3		2	
2	3		4			4	2	3	2
	2	2				2	1		1

Easy (28)

2		3		3			2	2	
	2			4	3		4		3
2	2		2			2			3
		3			2			4	
3				2	1	2	3		2
	2	4		4		2		3	2
2	2			4				3	3
		2		4				3	2
2	3	2	1			6		5	
				2					

Easy (29)

			3		2				
5			4	1	2	2	3	4	3
			2	1	2	3	2	2	
3	5	4	2	1			4	3	
2			2	1	3		5		
4			3	1	3	2	4		
		3	2		2		2	4	
3	4	2	3	2	4	2	2	2	
	5		3		3		2	2	2
			3	1	3		2	1	

Easy (30)

	2		2	1			2		1
		4			3	3			1
				2		3		2	
4		5			2		4		2
3		4		1	1	1	4		3
2		4	2		1		4		2
	2	3			1			4	
	1			3	2	4			1
2	3	3	5		3			5	3
					3		3		

Solution on Page (171)

Easy (31)

		3		2		2	1	2	
3		3		4	3				3
1	1	1	1			4			
1		3	3			3	3	4	3
				2	2	2	2		2
2	3		3		2		4	3	
2		3		2	3		3		2
		3		2		2			2
2	3	2	2		3		2		1
							2		1

Easy (32)

	2		2		1	1		3	
2	3		2	2		2		3	
	3	2						3	2
2	3			2	2	2	2		1
	2	2			2		5	3	2
	2		3						1
	2			2	3	5			2
1		4	3	2		3		3	
	3					4		4	2
	2		2	2		2		2	

Easy (33)

	2		1		1	3		3	1
2	3			2		4		5	
	2	2			3			6	
2	4			2					2
			4		2			4	2
2	3	2			3		5		2
	1	1	2			3			3
2		1		3	3	3		5	
	2		2				2	3	
1				1					1

Easy (34)

	2		2			1		2	
2	3	1	3	2	2				2
	1	1	3		3	2		2	
2		2			4			3	2
1		2			5				
	3	2	1	2			3	3	2
			2	2	2		2		1
	4			4		1		2	2
3		3					1		1
		2	2	4		2		1	1

Easy (35)

	3		2	2		1	2	2	
		5			2				3
4					3		3		
3		7		2				2	
3			3		3	2	2		2
3		4	4				3		2
	4					4			3
	5		3	1	2		3		
	3			1		2		2	
1		1	2		2		1	1	1

Easy (36)

	2		2					2	
	2			3	4		4	3	2
1	1	2		2	2		2		1
2		2	3			1			2
	3		4		3	1		3	
1	2		3		3				4
1	2			2	3		6		
2					2			5	
	5	4	2		3	4			3
				1			2	2	

Solution on Page (171)

Easy (37)

	2		1	1		2	3		
2							4		3
	2			1			4		
2	4	3		1	2				
	4			2		3		5	3
			4		3		5		3
	4	2		3					
1			2		4	4	4	5	4
	3	2	3	4			3		
		1						3	2

Easy (38)

2		1	1		2		3	3	
	3		2		3	3			3
2	3		2	2			5		3
	3	3		3		3			2
1	2		4			3	3		1
		3			3			2	
			3		4	4		4	
	3	1				4			3
2			2		3			4	
		1		2		2		2	1

Easy (39)

	2	1		2	3		2		
2	4		4			3	4	5	4
2			4		4				
	5		4	2				4	3
	3		2		3		2		1
2		2		2		2	3		2
	2					4			1
1		2		2				3	2
1	2	2	3	3			4		2
	2				3		3		

Easy (40)

1	2		1		2		2		1
	3	2		2		4	3	3	2
3				3			2		
			1			3	2	3	2
3	4	2		2	3		3		1
	2		2		2			3	1
2	3		3	2	3			3	
	2	1	2			1	2		
2	3		3		3		2		2
	2				2		2	1	

Easy (41)

1	2		1	1				3	2
			2	2	4	5	6		
1	1	2			4				3
1		3					3	2	
	3			6		4			
		4		6					1
3						5		3	2
	3	4				3			
2		3	4		4		2	4	2
1	1			3		2			

Easy (42)

1	1		3			3		3	
		2					2		
2			2	4		4		4	3
	1		4			2		2	
2		2			4	2	2		2
3		3			3		1		
		2	3		2		2		
3		2				3	1	2	2
	3			3				3	
	2		1	1	3			3	

Solution on Pages (171-172)

Easy (43)

	2			2	2	2		3	
	3		2			2		3	
1			3	3				2	2
	4		3		2		2		1
		4		4	3	2	3	2	
3						2			1
	2	3	5	5		3			1
2	3							3	
	3	3	4			2	1	2	
2		1	1	1	1	1		2	1

Easy (44)

1		2		1	1		2		
2	2	3	2				2	4	
		2		2		2	1		
2			3	4	3	5		4	
	2	2		2					1
		1	1	2	3	4			1
1	2		2	1			2		1
	4				4	2		2	2
		5					2		1
1	2	2		2	2		2	1	

Easy (45)

	2		2			2		2	
3		4		5	3		2		2
	3				3				
2		4		5			2	2	1
1		3			3		2	2	2
	4		4		2	1	1		
	4		2			2			3
		3	2	1	1			2	
3			3		2	2		3	2
	4				2			1	

Easy (46)

	2			1		2	2	2	
1	2	1	1	1	2				2
1	1	2		1		3	4	3	2
2					2			2	
	3	3	2	2			3		1
	2		2		2	2		2	
1	3	3	4		2		2		
				3					2
	5	5			2	3	2	2	
2				2				2	1

Easy (47)

	1	1			2				1
1	1	2	3		2	3	4	4	
2		2		2		2			
			3		3		3	4	2
	4				4	3		2	
2	3		2	2		2			2
		2		2	3		2		1
	3			1			4	2	
2		2	2	2	4		4		1
	1	1		1					

Easy (48)

1		2	1	2		2		2	
1	2			2		3		3	2
1	3			2	2		2	2	
2			3		2			2	1
2		5			1	1	2	2	1
	3				2				1
1		3	3			2		1	1
2	3	2	2				1	1	1
	2			3	2	2	1		2
	2					1		2	

Solution on Page (172)

(10)

Easy (49)

	2		2		2		2		1
2	3		2	1	2	1	2		1
	1	1	2		2	1	1	1	1
2		2			2		2	2	
		2					3		3
			3	3	1	3		4	
	3			3		3			1
2		6		5	2	2			2
3							3		
2			2	2				3	2

Easy (50)

			3		3			2	1
3		4				4	5		3
2			2	3	3	3			
3		3	1	2	3		5	5	3
			1			4			2
2		2	2	4			2	3	
	3				4		2		2
			3		3			3	
		2	4	2	4	4			2
1	2						2		

Easy (51)

1		1	1			3		2	
2	3	2		4		4	2		2
			1	3		4			1
2	4			2			2		2
	2		1	2	3	4	2	2	
2		2	2	1		4		4	2
	2		2	2	4			4	
2			3					4	2
					3		3		
	3	2		2		2		2	1

Easy (52)

1		1	1		2				
2			2		4	4	5	5	
3		3		3					3
	3		2	4		4	3		2
2	3			4		3		1	
	2		3				2		1
3		2		5	5		2		1
	4	4						3	
3		5				2		3	
	2				1	1	1	3	

Easy (53)

			4		2		2		1
	4			3		2			1
1			4		3		2		2
1				4		3			
3	5				4	3			1
		4				4		3	
3	4	3		4	4				1
	2		3		3		3		2
2	4		6			1	1	2	
1					3				

Easy (54)

	3			2	1	2			2
2	4		4	3		2	4		4
	2	2	4			4	2	3	
2	3	3					2	3	5
1			4				3	2	
2	3	2	3	4		2	2	4	4
	3	1	1			3	2	3	
		3	2	3	3		4		4
		3		4			3	3	3
2	2	2	2				2	1	2

Solution on Page (172)

Easy (55)

1	3		4		3		2		1
	5		5		4			2	
		3		3		2		2	1
	4	3		4		3		2	
3		3						3	3
2		4		4					
1			3		2	2	3		3
1	2		3	3					1
	2	2		2	2	4			1
1	2		2		1		2	2	

Easy (56)

1				2	2		2		1
	5		5			4	4	2	1
4					3		3		
		5	3			4			
3		4			2		2	2	1
2	4				2	3	2		1
2					2			3	
	4			3	2	3		3	
2	3					2		3	3
		1	1	2		1	1		1

Easy (57)

1		1	1	2		2	1	2	1
	3	3	2					3	
			3	3	3	3		3	1
2	3	2	2				3	2	1
	1			3	3		2		1
2	2				3		5	4	3
	1	2		3					
2	2					2	3	3	2
	1	3				1	2	1	
1		2		3	2				1

Easy (58)

1			1		2		2		1
2		2	2	1		1	2	1	
	3		1		1			2	2
2	3	1	1	1		1	2		
	1		1		1	1	2		3
1	1			2			1		2
	1	2	2	4		3			
	1			4		4		3	2
2			3		4		4		2
	2		2	2		2	3		2

Easy (59)

	2		1	1	2	2			1
2		3		2			3	2	2
2				2		3			2
	5	4				1			2
			3		3		4		2
3	5	3	4		4				1
				2	5		5	2	
	3	3	4				3		1
1	2			4	4		4	2	2
		4		3					1

Easy (60)

1	2		3			2			1
	3		5			2		4	2
2			3		3		2		
	4	2		1			1		
		3	2	2	2			3	
		3			2	1		2	1
	6	4			3		3	3	1
			2	1				3	
	5	4	4	3		3			2
1						1	1		

Solution on Page (172)

Easy (61)

		2		1		3	4	2
	5				4			2
3		3	3		3		4	3
	3		3	2		3	3	2
1	2			2				1
1		2	2	3			3	
1			1		3	2		1
2	2	2		1		3		2
3		3	1		3			2
		3			2		2	1

Easy (62)

	1	1			1		1	1
2			3	5	3			1
			3		2	2		
1	1	3	3		3	3		2
2			2	2		2		1
	2		1	2	2	3		1
3		2	2	2	2		2	1
	2	3		2	2	3	3	2
2	3		4		2		2	
	2			2			1	1

Easy (63)

1	2	4		3		3		1
3				5		4		1
		5		5	4	5		1
3			4			4	2	
	1				5			2
2	2		2	2		3	5	5
		1						
2		1		2	2	4	5	3
	1		3		2	2		
	1			3	2	1	2	1

Easy (64)

1		2	2		2	2	1	3
	3		2		3			
		1		3			4	2
1	2	2	4		3		3	3
1	2				2			
3			5		6			3
		3	3				3	2
3	4			4		5	3	3
	3	4		3			4	
	2			1		3		2

Easy (65)

2			1	1	1	1		1
	2			1	2	4	4	3
2			2		2	2		
	1	1			2	4	4	2
2	2	1	1	1	1		2	1
		1		1	2	2	2	1
3	4		1		1	2	2	
			1	1		3		2
3		3	1	1	1			2
1	2				2		2	1

Easy (66)

	2		2				1	1
1	2	2	3		5	4	2	2
	3	4		4		3		1
				4			3	
3	5	5		4		2	2	1
			3	3	3		3	2
	2	1						2
2			2		3		6	3
	2			3	2			2
	3		2		2			2

Solution on Page (173)

Easy (67)

1	2	3	4	5	6	7	8	9
	1	1			2		3	2
2			2	2				1
				1	2		3	1
2	3	3		2	3	3		2
	3		3				3	2
3				2	2	3		1
					1		2	2
3	5		3	3				2
1		3	4		4	2	4	2
1	1	2			3	2		2

Easy (68)

1	2	3	4	5	6	7	8	9	10
1		2		2		1	1	1	1
2	2	3	1	2	2	2	3		3
2		4	3	3	4		5		
2								5	4
2	3	4	5	5	5	4	5		
	2	1			3		5		5
	3	2	4	3	4		6		
2	3		3			4	4		4
	3	3	6			3			2
1	2				3	2	2	2	1

Easy (69)

1	2	3	4	5	6	7	8	9	10
1		3			2		2	2	1
2		3		3	2	3		3	
	3	3	2	2	1	4		4	1
2				2			4		3
		2	3		4		4	3	
2				3					2
	1	2		3		2	2	1	
	2	2			2		1	1	1
2			2	3			1		1
		2			1		1	1	1

Easy (70)

1	2	3	4	5	6	7	8	9	10
	2		2		3			1	1
	2	2	3			4	3		
1		1		4		4			2
	2		3		3			3	
		2			3			2	1
3		4		3	3		2		
2		3		2		2	1		1
1	1			3	3	2		1	1
	2	2	2		2		3		2
1			2		2	1			2

Easy (71)

1	2	3	4	5	6	7	8	9	10
1		3	2	2		2		2	
2	3			3		2	1	2	1
		3	5		3		1	1	
1			3		4			2	
1		2	3			4		3	2
			2	3				3	
3	4				4	2	1	2	
		3					2	2	2
3			3	2	4	2			1
1	2				2		2	1	

Easy (72)

1	2	3	4	5	6	7	8	9	10
1			3		3			1	1
1	3	3	4		4	2	2		1
2	3		2					2	2
		3	2	2	2	2	2		1
3	3			1			3		2
	1		2			2	3		1
2		3		2			2		2
1			4		4	2			
	4		5		5		4		2
	2		3		4			2	

Solution on Page (173)

Easy (73)

	2	3			1	2		2	1
2	3			5		4		3	
	3	3				4			2
2	3			3	3	4	3		1
	3			2		3		3	
2			2	3		4	2		
	3				1				2
	4	5		5		3		4	
2						2		4	
1	2	3	3				2		2

Easy (74)

1			1	1			2		1
	3	3		4	3		3		2
	2			4		3		2	
2	4	4					2		2
	2			3	4	3	2		1
1			2				2	2	2
1	1			4	3		1		1
		2				3	3	3	2
2	2		2		4			2	
	1			2			3	2	1

Easy (75)

	2		2		2		2		1
2		1				2		3	2
		1				2			2
2	2	1		2	3		5		2
		2	4				5	3	2
2	3				5			3	
	3	2		3		5		3	1
	2			3		5		2	
2		2		3			3		2
			1		3	2	3		2

Easy (76)

		4	2		3		4		
4				4				4	
	3	3	4			4			2
2	3	1	4		5	3	1		
						3			2
2	4		4				2	2	
		3	3	4				3	2
2	4	2	3		4	5		3	
	3		3						2
		2			2	3		2	

Easy (77)

		4			3		1		1
3		5				3	2		1
2	2			6		3			1
	1		2		3	4	2	4	
3		2	2			3			
				4			2	4	
	3	4		5		3		2	1
3		3					4		1
			3		6				1
2	2	1	2			3	3		1

Easy (78)

	1	1			2	2			1
1	1	2	2	4			4	2	
	1	1		4				2	
	3	4	4		4		3		1
4			3		2	2	3	2	
		2	3						
3		2				3	2		2
	2		1	1	1			2	
2	4	3			1	2		3	2
	2						1		1

Solution on Page (173)

Easy (79)

1	2	3	4	5	6	7	8	9
		2		2		3		2
3	4	3		2	1			2
	3		3			2	4	2
1			4		2		2	1
1		2			3	2	2	1
	2	1		2		1		1
		1	2	3	2	1		1
	3				2	2	2	2
	3	2	4	3			1	
1			2		2	1	1	1

Easy (80)

1	2	3	4	5	6	7	8	9
	1	2			2		1	1
2				6		2	3	2
1		4			4		4	2
	4		5			2	3	2
	3		4	2	3	3	3	
2		3			3		3	2
1				4		5	3	3
	3	3	2	4			3	2
	2			2			2	
				1	2		2	1

Easy (81)

1	2	3	4	5	6	7	8	9
		1			1		1	1
	4		5		6		3	3
2		4						
1	1					3		
1		2	4		2		2	1
2			2		4	4		3
	4		3		5		3	2
	5	2	5			3		3
	3				3			3

Easy (82)

1	2	3	4	5	6	7	8	9
	2		2		2	1		1
	2		3	2		3	2	1
2			2		2	2		2
			2	1		1	1	3
4	5	4	2	1		1		3
		2		2		2	4	
2	3		3	3		3		
1					2	3		3
	3	4	3		1	2	2	2
2				1		1		1

Easy (83)

1	2	3	4	5	6	7	8	9
1				2	2		1	2
2	3	3	3			4		3
	2			4			3	
2		3		4	3	3	2	2
	3		5					
1				4		4		
1	2	5		5	3		3	3
		5			3	1	2	2
3			4		2		2	
2		3	2	1			2	1

Easy (84)

1	2	3	4	5	6	7	8	9
		1		3	2	1		1
3		2				2	2	
2		2	1		3		3	1
2		1	1	1	1	3		1
	3	2	2			3		2
1	2		2			4	4	3
1		1	2	4		4		5
	2		2			4		
	2			3	3		3	
1		1		1	1	2	2	2

Solution on Pages (173-174)

Easy (85)

C1	C2	C3	C4	C5	C6	C7	C8	C9	C10
	2			3	3	4		3	
2		2	4						2
	1	1	3				4	3	3
		1		4	3	1			3
2	2		4			3	1		2
		3						1	1
3	4	5				5	3	3	3
	2					2			
2		3	5	5			3	4	5
									2

Easy (86)

C1	C2	C3	C4	C5	C6	C7	C8	C9	C10
	2		1	2				2	
2	4				5	4	3		2
	2		2	2			2		1
2	4	2			3	2	2		
	2		2				2		1
2	4	3		2	2		3	2	
	3					2			1
2			4	3		3	3		2
	3	2	4		3	2		3	
	2		3				1	3	

Easy (87)

C1	C2	C3	C4	C5	C6	C7	C8	C9	C10
1	1	1	2		2			3	
			3		3			4	2
1		1			3	3			
	1		1	2	3			3	2
1		1	1	3			3		
2		2				5		4	2
	2		2	3	4			3	
2	4	2				4			2
	2		2	2		3		2	
1	2			1	1		2	2	1

Easy (88)

C1	C2	C3	C4	C5	C6	C7	C8	C9	C10
	2	2	3		3			2	
2				2	3		4		1
	2	3		3		4		2	
	2	3					4		
3		6		5	3	3			3
					2	3	5		2
3		6		4				3	
1			3			3			1
	4		3	3	3		2	3	2
		1				2			

Easy (89)

C1	C2	C3	C4	C5	C6	C7	C8	C9	C10
	2				2		2		2
2	4	3	4		2		3		2
					3	3			1
1		2	4	3			4	4	
1			3		3	2			
	3	3		3		1	3		3
2			2		2	2		3	2
1	1		1	2		2			
1	1		1		2		1	3	2
1		1			1				

Easy (90)

C1	C2	C3	C4	C5	C6	C7	C8	C9	C10
2							2	3	
	6			4	3	2			3
	5		4		1	2	4		2
1			4			2		3	
		4		2			3	2	
				2	2		3	3	2
2	3		3	2	1			4	
2		2		2		4		5	
	3	2					4		3
	2			2	2				2

Solution on Page (174)

Easy (91)

	2		2		3		2		1
2	3	1	3	4		4		2	2
			2				3		2
	4		3		5				2
3				2		3	3		2
		3		2	1				
3			3	2	2	2	2		2
	2						1	1	
3		3	3		3	3			2
			2		2		2		

Easy (92)

	2		1			3		2	1
1			2			6			2
1	3		3		3				3
	3		3		3		6		
	5	4		4		4			3
3			3				6		4
2		5		4	4				
2						4			3
	4			4	3		3	3	
	2		3			2			1

Easy (93)

	1		2		2		3		2
2	2	1			3		5		4
		3	2	2			3		
2		2			1			4	3
2	3			2		3			1
	3		5		3			4	
2	4				3	3	3		
	3		6	4	2	1		4	3
2					3	2			
	2	2				1		2	2

Easy (94)

2			2		2		2	2	
	3			2	4			3	2
1		1	2	2				4	4
	3		5		5	4			
	5				3	2	2	1	
3			6		5		3	2	
	3	3			3			1	
1	1	1			4			3	2
	2	2	4	5		4		2	
			2					2	1

Easy (95)

	2		1			2			2
2	3	1		1		2			1
		1	1	1	1	3			2
2			2		1				
	3		2		3		7		4
2		3		1	4		4		
	3		3		4		4		2
2		4				1	2	2	2
3		4		3	2	1			3
			2		1	1			3

Easy (96)

	3		3	2		2	1		
1				2					2
1		3		3		5	4		
	3		1	3					2
3			1			6	4		
	2				4		3	1	
2	2	1	2			6	5		1
	1			6					1
2		3		5		6	4	4	2
1			1	3				2	

Solution on Page (174)

Easy (97)

	1		1	2			1	2	
2	3	2		2		2		3	2
	3			2		4	3		
2		3	2					4	3
	3	3			3	4	3		
			1	2		2	2		
3	4	2				3		3	2
			2			2	1	2	
2	3	2		5	5			2	2
		1							1

Easy (98)

1	1	1			3	2	2	2	
	1	1	3		3			3	2
2	3	2	3	3	4	4	3	3	
2			2			2		3	2
2		4	3	3	3	4	2	3	
2	4		3	2		2		3	2
1			4		2	2	1	2	
1	3		3	2	3	3	2	3	2
1	3	2	3	3				5	
	2		2			5			

Easy (99)

	2			2	3		3	3	
2	4	2	3			3			2
	2			3	4		4	3	2
1	3	2			3		2		1
1			4			2			1
3		4			2		2		1
		3	2		2		2		2
3	4	2					3	4	
	2		3	3	3	2			2
	2	1	2					2	

Easy (100)

1	1			3				2	
		2		3	4		6		3
	3	2	2	3	3				
		2				5		5	
3			3		2		3		3
	4			1	2	2			
3		3			2		2	4	
	2		1			2		2	
	2		2	3	3			2	2
1				2			2		1

Easy (101)

3			1	1	1	2		2	
		3	1	1		4	3	4	2
3	3	3	2	3	3			2	
1		2			3	3	4	4	2
2	3	3	4		2	2			1
	3		3	2	2	4		6	3
2	4		3	3		5			
2		4		5		6		4	2
3		6	4				5	4	2
2				4					

Easy (102)

	2		1	1	1	2		2	
1	3					3	2		1
	3			2		2		2	1
2		2			1	1			2
	2	1	2		3		3		3
2		1				3		4	
	1	2		6			2		
2	3	3		4		3			2
			4	3	3		3	3	
1	3		3		2		2		2

Solution on Pages (174-175)

Easy (103)

		3			2			1	
3			3	2		3	3		2
2	5		4				3		1
	3			3				3	
2	3		3		2	2			
1			3	2		2	2	2	1
2	3		4		3		1	1	1
		3			3	1	1	1	
2	2	2		4		1	1		2
			2		1	1		2	

Easy (104)

1	2	2	1		1	2		2	
1				2			1	2	1
2	3		2			3	1	1	1
	2	1		3	3		2	3	
	3				3				
3			2						
		3	1	1	2		4		3
3		2		2		2		2	
	4				3	4	2	4	2
				2		2			

Easy (105)

1		4			4	3			1
2	4						5	4	2
	3		5	4	4	4			1
1	3	2	3		1	2		4	2
1	2		2	2	2	2	2		2
	2	1	2	2		1	1	2	
2	2	1	2		3	2	1	3	3
	1	1		4		1	2		
2	2	3	3		3	2	4		
1		2		2	2		3		3

Easy (106)

	2	2	2	2		2		2	1
1						3	2	3	
1	3	4		4	2	2			1
	5		4			3	3	2	
			3						1
3		3		2	4	4	4	2	1
	2								1
2	4	2	3	2	3		3		1
			1			2	2		
1	2		1	1	1			2	

Easy (107)

1				2		2	2		1
	4	5		3		4			1
1			2	3				2	1
	4		4				2		1
1				4		2	2		2
2	4	4	3	2		1			3
			2			1			
	3	2	4		3		3	4	3
2					3	2		4	
	1	1			1	1			

Easy (108)

	2		1						
3	5	3		2		4			2
			3				2		1
4					1	2			2
2		3	3	3		5			3
			2						3
	2		2		4		6	6	
	3			2		3			
2		2		2			3	4	3
	2	2	1	2	1		1		1

Solution on Page (175)

Easy (109)

1		2	3		3		2		1
2		4			4		2		2
	2			4		2	1		
1	2				1			3	2
2	2	1	1	1		2			
							3	2	1
	4	4	3	3	4			2	1
1				3		4	3	3	
2	3	4			2		2	3	
		1		1	1				2

Easy (110)

1			3		1				2
2	3	4			2		4		3
1		3	3	2	2		3		
1	2		2		2	3		4	2
2		2	3	2		2			
	1					2	2	4	2
	3	2		3	2	1		2	
3	3	2					3	4	2
			4		3			3	
	2	2		2	2	2		3	

Easy (111)

2					1			2	
2		5		4	3	2	3		3
	1	2	2		2				
1	1		2		3	2	3	4	
1		2		2			2		3
2	2	3	2		2		2		2
	1	1				2	2	3	2
	2		2		1	2		2	
1					1		2		2
	2		1	1		2		2	

Easy (112)

1	1		1	2			2		2
1		3			3		3		
2	2	3		4				3	2
		1	1	3	3		3		2
	2			3		4			2
1		3		4		4		3	2
	1	3			3		2	2	
	1		2			4			2
		1		5		6		3	
	1	1	2					3	1

Easy (113)

	1	2			3	2	3	2	1
2	2				5				2
		2		4			6		2
1		1	1	2			4		2
	2			1				3	
		2	2		3		4		
	4			4	4	3		5	4
1					3		4		
1		2			3	4		4	
1		1				2		2	1

Easy (114)

2			2		2	1	2		1
	4	3	4	3			4		2
2			2						3
	3			3	5		5		
1	2		2			2		4	3
2		2		1	2		2		
		3	2						2
	5				4	3		2	
2	4		5				2		2
	2	1	2			2		2	

Solution on Page (175)

Easy (115)

	1	1		2		1	1	1	1
		2	2		2		2		1
1			1		2			3	2
	2	1	2	2		4		3	
3	3	1			2	4			2
		2		3		4			1
				3			4	4	2
	2	2		4		5		2	
1		2		2		4		3	2
			1	1	2		2		1

Easy (116)

1		2		2		2	3		3
2	2	4	2	4	3		3		
2		3		2		2	3	3	3
3		3	1	2	2	2	2		1
	3	2	2	2	3		2	2	2
1	2		2			2	1	1	
1	3	3	4	3	4	2	2	3	3
2			2		2		2		
	3	3	3	3	3	3	3	4	3
1	1	1		2		2		2	

Easy (117)

1			1		3		2	2	
2	2	2		5					2
	2					7		4	
2				7			4		3
	5		4			3	3		2
		2			3	2		1	
3			2	1			2	1	1
	3		3		4		2		2
	4	2				3	2	3	
			3					2	1

Easy (118)

3			2		2	1	2		2
		4	4	2	3		3	3	
2	3		2		3	3	5		3
1	3	2	4	2	3				2
	2		2		2	3	4	3	1
2	3	1	3	2	2	1		2	1
	2	1	2		3	3	3		1
1	2		3	3			3	3	2
1	3	4		3	3	4		2	
1			2	2		2	1	2	1

Easy (119)

	2	1	2		2		3		3
2	4		4	2	4	2	4		
2			3		2		3	4	
2		4	4	2	4	2	3		2
1	2		2		2		3	2	1
1	2	2	3	2	3	2		2	1
1		2	2		2	3	3	4	
1	2		2	2	4			3	
1	3	4	3	2			4	3	2
1				2	2	2	2		1

Easy (120)

	2		4					2	
1	2	3			6		4	3	2
2		4				1			1
			4		3	1		2	
3	4		3			3	3		2
	2			4		3			2
3			2	2	2			4	
		2		2				2	
3		2				5	5		2
	2		3		4				1

Solution on Page (175)

Easy (121)

1	2				3		3	2	1
		4		5		4			1
2	3		4	6		4			1
	3						1	2	1
	4	3			4	3	3		
2	3			3			3		2
		5							2
	3				3		2		2
3		5	4		2			3	2
		3		2		2		2	

Easy (122)

	4	3		2	2		2		1
		3					2		1
3			4	3		3	2	2	1
	2				4				
2		3		3			4		
	2		2		5		5	5	
2	4	2		2					
		2		3	4				
2	4	3			3		5		4
			2			2			2

Easy (123)

		3		1		2		3	2
3			2		2		5		
3	4				3			5	4
		3		2		4			
3	4		2	3	3		2	2	2
	2		1	2			2		2
2		2		5		4			
		2				4			
2	4		6	5	3			6	
1						1	1		

Easy (124)

	2		1			2		2	
3	5	3		1		3			2
			2	2	3		2	1	
	5			3					2
	3	2	2			5	2	2	
2				3				3	2
	2	2		3	2		3		2
	2	3	2			5		4	
1		3							2
	2			2	3		3	2	

Easy (125)

	2	2			1		2		
2		3	3	2	3	3	4	3	2
	4				3				1
			5	4	5		3	2	
3	4	3					3		2
			5	6			3	1	
3							3		3
2	3		3		3		3	2	1
1		1	1	1			2	1	1
1	1							1	

Easy (126)

		3		3		2		2	1
	2	3		4	2			4	
2		3	2	3			2		
		2		2		2		4	3
2	2	2		3	2	2			2
1		1	2				2		2
					4		2	2	1
1		1	2	3		2		2	1
	1	1	2		3		2	2	
	1	1			2				1

Solution on Page (176)

Easy (127)

	2		1	1	3		3	3
2		3	2	2			3	
				3		3	3	3
2		4		3	3	2		1
2			2			3	3	3
1		1		2		3		
2			1			3	6	
	2				3	5		3
3			2	3		4	4	
2		3				3		1

Easy (128)

	2		4		2	2		1
2		3					4	2
	2		4	4		3	2	
2	3	2				3		4
2			2	1			5	5
	4			2	5			3
2	4		4					3
		4		4	5	5		4
		3					3	2
2	3	2		1	2	2	2	

Easy (129)

			4	2	1			2
3						2	4	5
2		5		4	2			2
	3		5		4	3	2	1
	3	2				1	1	1
1					4	3		
	2		2			1		2
	3	2		2	2		2	
	4		4	3				2
2					2	2	3	

Easy (130)

2		2	2		3		2	1
4		3	2		4	3		3
		4	2				3	
		3		2	2	3		4
3	3		1	2		2	3	
		1	1		2			3
2	2				2		3	
1			1		2		4	2
2		2	1	2		4		1
			1			3	2	2

Easy (131)

	2		2			3	4	3
2	4	3	4	3	4			
	3			1	3			5
1	3		3	1	3		8	
1	2	1	1	1	3			3
	2	1	2	2	3	4	3	2
2	3		2		3	3	3	2
	3	2	3	1	2		5	
2	3		2	2	2	4		3
1		3		2		2	3	2

Easy (132)

1	2		2		1	2		4
1		3	3					2
2		2		3		3	2	1
	2	2	3				2	1
2	3		2				2	1
1		4			4	3	2	2
	3			2	3		3	1
	4	4		3			4	1
	3			2	3		2	1
	4		2	1		1		

Solution on Page (176)

Easy (133)

		3			2		2		1
4		5		2	4		1		
2			2		4		3	2	2
2	3			3		3			2
1		3			4	5		5	
	3						5		
1			4		5	7			2
	4		4	3			4		
	2					5			2
1		2			3		2	2	

Easy (134)

	3		2		2			2	2
3		5		2			2		
				1	1				3
2		5						4	
	2	2	3			5			3
	1	1		5				5	6
	2	3		4	4				
2				5		2		4	3
		5		4			1		
	4	2					1	1	1

Easy (135)

1		2	1	2		2		2	1
1	2	4		5	3	3	2		1
1	2					2	2	2	1
1		4		5	3	3		2	1
2	2	4	2	3			2	1	2
2		3		2	1	2	1	3	2
2		3	2	2	2	2		2	
2	3	2	2		2		3	4	3
	2			3	2	3	2	4	
1	2	1	2			1	1		3

Easy (136)

	1	1			3			2	
2	2	3	3	4		2	2	4	
1		2		2	2	2	1	3	
1	1	2	2	2	2		2	4	
1	2	1	2		4	5		5	
	2		4	4					3
2	3	2			5				2
	2	2	4	4		4	5	5	3
2	3		2		3	3			
	2	1	2	2		2	3		3

Easy (137)

1	1	1			2	1	1	2	
2		3	2	1	2				
4					2	1	3		
		6			2		2		3
4			3	3				3	2
	4		1	2		3		2	
		2		2			2	3	2
		3		2	2			2	
3	4		3	2				4	2
	2	2			2			3	

Easy (138)

	1	2			1	1			1
1			3	3			4	3	
2	2			2	3		3		1
	2		2					2	2
1	3		4	3			5		3
1				2					
2		3		2		2	3	5	3
	4		2		3	4		3	
	4								2
2		2	2	2	4		3	2	

Solution on Page (176)

Easy (139)

	2		2	1			2		1
2	3		3		3	3	3	2	1
1		3		3		2		2	
	3			3	2		2		
	2	2	2					3	2
2	3				3	3	2		
	2		3		2			2	2
2			3	3	3	3	2		
	3	3				3		3	
	3				2		2	2	1

Easy (140)

	3	2	1	2			3		2
		4			2			5	
3		4				3			3
	2	4	4			2	2		
1		3					2	3	2
	3		4		3		2		1
	2	3			3		3		1
1				2	4				2
1		2	2	3				3	
	1			1	2		3		1

Easy (141)

	2				3		2		
2			4		4			4	5
	3			4		5		3	
2				4		4			3
3			4		3	3		2	1
	4			4				2	1
	5	4	5			2	3		2
2					3	3			
2				4		3		4	3
	1			2			2		1

Easy (142)

2		3		2	2		2		1
4		4					2		2
		3	3	3		3	2		
	5				4			3	1
	3	3		6		5			1
1							2		1
1		3			5		3	3	
		4	4	4				3	
3					6				2
	3	2	3		4			3	

Easy (143)

2	2	3				2		2	1
		3			4	2	2		1
3			4			2	2	3	2
	2		2	2		2			
1			2	2		3	1	2	1
1			2		2		2		
		3	2			4		3	
1	2	4				3		4	2
1	3			5		3			1
1			4					1	1

Easy (144)

3		3	1	2		2		2	
		5		4	3	4	2	3	2
3	5			5			1	1	
	4			4		3	2	2	2
	5	5	4	3	2	2	2		1
3				3	2		3	3	3
2		6			3	2	3		
1	2		3	4		3	3		3
1	2	2	2	3		3		3	2
	1	1		2	1	2	1	2	

Solution on Pages (176-177)

Easy (145)

	1		3				1		
3		4			3	2		3	2
				6		5			3
	6	6			3				
3			4	4		4			3
		3					2		
	5		4	4		3	1	3	2
	4				4	3			
	3						2	2	2
1		1	2			3			1

Easy (146)

	5			2	2	2	1	1	1
			4	2			2	2	
2	4		2	1	3		3	4	
1	3	2	3	1	3	2	3		
	3		2		2		2	3	3
	4	2	3	3	3	3	2	2	
	4	2		2		2		3	2
		3	3	3	3	4	3	3	
3	4		2		2			3	2
1		2	2	1	2	2	2	2	

Easy (147)

	2		3			2		2	
2				2	3				1
		5	3				4	1	1
3		4		1	2		3		2
3		5	2		2			4	
2			1	2		2			
2		4	3				2	4	
	3					2	3	2	1
	4	3			3		2	3	1
1			1			3		2	

Easy (148)

			2			1		2	
	7	4			1		2	2	1
				2			2	2	
			2	2		5		4	
	4				4				2
	3	1		3			3	3	3
		2	2	3			4	2	
1	2		1	1				3	2
1	2		2		3	5	4		1
	1				2				1

Easy (149)

	1	2		2		2	1	1	
1		3	2	3			1		2
3					3		3	1	
		3	3			2	2		2
3	4		3		3				1
3		5				3	4	3	
		5		4				3	
		4	3			6		4	1
3	4				3			4	
	2		2	1	1			3	

Easy (150)

	2		3		3		2		1
		2			3	2	3	3	2
1	3		4	2	2	2			
	3				2		5	4	2
1		3		3					1
	2	2					3	2	1
		2	2	2	2	2	2	2	
	4		3						
1	3						3		3
	2		2	2	3	2	1	1	

Solution on Page (177)

Easy (151)

1	2			3			2	2	
		3	4		5	5			2
2	4		5	5			3		1
2						5			2
		5		5				4	
	3		3		2				3
1		3	4	2	3	2			3
	5		3		2		2	3	
				2		2			
	3	2	2		2			1	1

Easy (152)

3		4	2	2		2	2	3	
			4	2	3				2
2	3	4		3		3	3	3	1
1	1	3	3	5	4	4		2	1
2		3					4		1
3		5	4	4	5	4		3	2
3			3		2		3		2
	5	4		2	2	1	2	2	
		2	2	3	2	1	1	2	2
	3	1	1			1	1		1

Easy (153)

	2	2		2		2	2		2
3	4		3	3	3		2	2	
		3	2		2	2	2	2	1
5		5	4	3	2	1		2	1
					2	3	3		2
3	4	4	4	4		2		3	
	1	1		2	2	3	2	2	1
1	2	2	3	2	2		2	1	1
1	2		2		3	2	3		1
1		2	2	1	2		2	1	1

Easy (154)

2		2		2			2		1
	3	3	3				4	2	
1	2		2		2		2		1
1			3			3	4		2
1		2		1				2	
	2	4	4		3	3	4	3	2
	3								1
	4			5	3	3	4	3	2
2		5		5		4			1
1				4				2	1

Easy (155)

2		2		2		1	1	3	
	3	3		4		2			
3		2	2			4	5		
2		3			5				4
	1	2		3				5	
1	1	2	3				3		3
						2	2	2	
2		2	2	2	3		3	3	2
2			1		3				
	2			1		3	2	2	1

Easy (156)

1	2		2		2		1		1
		2		2		2		2	
2	3		2		2			3	2
	3		3			2	1	2	
1	3			2		3		3	2
1	4				2				3
1			4	1		3	5		
2	4		2	1		2		5	
	2	2		2		2			3
1	1	1					2		2

Solution on Page (177)

Easy (157)

1	2	3	4	5	6	7	8	9	10
	3		2	2	2			2	
	3		4			3	2	3	2
1		1				3	2		1
1	2		4	4				1	
	2		2		3	2	2	1	1
1	2		2				1	1	
1	1			1	2	2	2	3	2
1		1			2			3	
2		3	4		4	2	2	5	
1		2							

Easy (158)

1	2	3	4	5	6	7	8	9	10
	2		3	2	2		2	2	1
1		3				2		2	
	2		3		3		2		2
		1	3			2		2	
2	3		3		4			2	1
2		3		2	3		3	2	1
2		2	1			4			2
2	2		1			3		5	
			2		2	2			2
1	1	2			1		2		1

Easy (159)

1	2	3	4	5	6	7	8	9	10
		2				1	2		1
2	3		6		5		2	2	
							2	2	
2			5	5		3			2
	5	6			3		3		
3				5					2
	4				5		5	3	2
2		3			5				
2	3		3		4			4	2
		2			3	2	3		1

Easy (160)

1	2	3	4	5	6	7	8	9	10
2				2			2	2	
	4	4	3			5			2
1						4		4	
2	4			2		3		3	1
		4	3	2	1			2	
2	2	2		2	2		4		2
1			3		3				2
					3	3		4	
3		5			2		4		2
2			2	1	1			3	

Easy (161)

1	2	3	4	5	6	7	8	9	10
1	2		3		3		2		
		3				3	4	5	3
2	3			3	2				
	4	4		2	2				3
		4	2		2			3	
3		3		1		3		3	1
	3	3		2	2	3			1
			4	3			5		2
2	4				3				2
	2	3				1	2	2	1

Easy (162)

1	2	3	4	5	6	7	8	9	10
1			2	2	3	4		4	
	3	3	4					5	
2				6		6	3	4	
		3	4						1
2	3				6	4	2		1
	2		3				1		
1		2		5		4	2	3	
1	1				3				2
2		4	3	4			2	3	
		3		2	1	2			1

Solution on Pages (177-178)

Easy (163)

2		3		2		2	2	2	1
3		4	3	5	4	5			2
	3	3						5	
4		4	3	6		6	3	4	
		3		3			2	2	
3	4	3	2	2	4		3	2	2
	3		2	1	3		3	2	
3	5		4	3		3	3		2
		4			4		3	2	2
3		3	2	3		2	2		1

Easy (164)

1		1	2			1			2
	2			4	2	2		4	
2	3			3		1			3
1		3	3	3	2	1	1	2	
2	3	4					1		2
				3	2	3		3	
2	3					3		5	3
1		2		2	2	3			
2		3		1	2		4	3	3
	2			1					1

Easy (165)

	3		4		4				1
2			4			6		5	
3		4		3		4			2
	3		2		3			4	3
2		2					2		
	2			4	3	4		5	3
2	3		3					4	
	2	2				2	4		2
2		3				2	2		1
1			1		1	1	1	1	

Easy (166)

2	2	1	1		3	3		2	1
		2	1						
4		4		4		5	3	2	1
2			2		3			1	1
2		2	3	3	4		2		
	2		2			2			2
2			2		4		3	2	1
		2	2			4		3	
2	2	2		4		4			2
	1	2		3				3	

Easy (167)

	1		3		3	1			1
		3			3		2	2	
2	3			5			2		
		4	4			2		3	2
2	4			3			2	2	
	3			3	2		1		1
1		5		4					2
2		4		3		2			
2				2	1	3	5	5	3
	2	2		1	1				1

Easy (168)

	2	2	2		1	1		2	2
2	3						3		
	2	3	3	3		3		4	
3		2			2	3		3	2
			1		1		2		1
	4	2	1		2		4		3
2		2			2				
2		2				3		4	2
	2	2		3		3	3	3	1
			1	1	1				1

Solution on Page (178)

Easy (169)

1	2			2		2		1	2
		3	4	3			1	3	2
	3		3			2		3	
1	4			2	3				
	3			3		2	2	4	3
	2	1			2	2		2	1
1	1		1	1				2	
		3		2	2		3		1
2		4	3		2	2			2
1	2			2		2		2	

Easy (170)

	2	2		3					1
2		2	3			6		5	
	3		4		5			4	
	2		3					4	2
1	3	2		1	2		2		
1	2		1		2			3	2
	2		2					2	
3	3	1			4		3		1
	2	3	2	3			2	1	
	4		2		2				1

Easy (171)

	2	3		4		4	2		
2				6				3	2
	3		4				6		2
2	3			4				3	
		2		3			5		2
2	2			4	2	3			2
		2						5	
	2	3			2		4		2
1				2		3		3	
1	1	2		2		2			1

Easy (172)

2		3			3		3		2
	3				3			4	
	3	3	4	4		2	2	4	
2		3			3				2
2	3		4		4				1
		2		3			4		2
2			1			3		3	
	2			5		4	2	5	
	4	4				3		3	
2			3			3			1

Easy (173)

	2		3	3		2	1	2	
2	4	3			3	2		3	2
	3		5		4	2	2	3	
	3	1	4		4		1	2	
2	2	1	2		4	2	3	2	2
2		3	3	2	3		2		1
2			3		3	2	3	2	2
3	5		4	3	4		2	2	
		4	3			3	2		2
3			2	3		2	1	1	1

Easy (174)

		2		1	2				2
3	4		3		2				2
2			2		1	2		4	
	3		3		3			3	
2	3					3	3		
1		2	4			2			3
	2				3			4	
		2		5			2		3
2	3	3	4		3		2		2
	2			3		1	1	1	

Solution on Page (178)

Easy (175)

	1	1	1	2	1	2	2		1
2	2	1		3		2		3	2
	2	2	4		4	3	2	2	
2	3		4		4		2	2	1
	2	2	4		4	4		3	1
1	2	2		5		5			1
1	2		4			4		3	1
	3	2	4		4	3	3	3	2
	3	1		3	3		4		
	2	1	1	2		3			3

Easy (176)

	3		2		1		2	2	
		2		1	2	3		3	2
		2	2	2	1		3		1
2	2					2		4	
1		3	2	3		2			
	1			2		3	3	4	2
1		2		3		2		3	
	3		3		2	2	2		
3	5		3	2			2		3
		2			1			2	

Easy (177)

2			1		2			3	1
4				2	3	4		3	
		3		2	2		3		1
	3		3		3	3			1
1				2			4	3	
	4		3		3		3		2
2			3	2		3	5	3	
	4		4		3				1
	2		3		3	4		5	
		1	2	1				3	

Easy (178)

2	2	1	1			2	2		
	2	1	2	3	4			5	3
5		4	1	1	1			4	
		3		2	2	4		4	2
	4	3	2	2		3	2	3	
2	3		2	2	1	2		3	2
	2	2		2	1	3	2	3	
2	3	2	2	2		3		4	3
	2		1	2	3		3		
1	2	1	1	1		2	2	2	2

Easy (179)

	3		4		3	3		2	
1	3			3					2
1	3	5	4	4	3	5	3	3	
1						2		2	1
2	5		5		1				1
	4			2	1				1
2	4		4			2	2	2	1
	3	2			3				1
2		1	2			3		4	
		1		1				3	1

Easy (180)

2		3	1	2		3		4	
2				2	2	5			2
	4	4		2	2			4	
			2		3	4	3	3	
	4	4	3			2			2
2		3		3	2		2		
	3			3		3		3	2
2		3	4	4		3		2	
	2				3	2		2	2
1	2	3			2		1		

Solution on Page (178)

Easy (181)

1	2		2		3			3	2
		2			3		5		
2	2			3	2	4		5	3
	1	3		5		5		5	
2	2				3				2
		3	3	3	2	4		5	
	1					5		5	
1								5	
1		3	2	4	3	5		5	
1	1			2				3	

Easy (182)

1			2	1	1			3	
1			3	2		4			2
1	3	3			4			5	
				4					3
		3			3		4		3
2	2	3	3			2	3		
		4		3	2			4	2
2	4			4		3			2
1					3	2	4		3
1	2	3	4					2	

Easy (183)

1			2		2	1		1	1
	4	4	3		3			2	
		3			2				2
			3	3		4			2
2	2							4	
1	2	2		4	5		3		2
	4		3			3		2	2
		3		5	6		2		
3	4	3					3		2
	2		3		4	2			1

Easy (184)

		1	1			1		2	1
	4		3	2			3		1
	2		2		2		2	2	
1		2			3	1			
	4		3		2			2	
	5			3			2		2
3		5		3		3			1
	3			3	2		2		1
2	4	3	4	2	3	2	3		1
	2		2				2		1

Easy (185)

1		1	1	2	1		1		1
	2	3				2			2
1				3			4		2
1					4			2	2
		1	1	1			4	2	
	5			2	4			3	2
			1	1			4		1
		6	3	2		3		2	1
3				2			3	2	
	2		3		2	1	2		1

Easy (186)

		2		1	2		3	2	
1	3		4		3				2
	3			3		5			2
2				4			5		3
3			1		4			6	
		2	3	4		4			
2					4		3	4	
	1			6			3	3	2
2		3			5				
1		2		2	3			2	1

Solution on Page (179)

Easy (187)

2		3	2		2		2		
2				1				4	3
2	4			1	4		6		
	2				6		5		4
3		2					2		
			5		6		2	2	2
3			5			4			1
	4		4	4					1
	4	3		3		5		3	
2			2		2		2	2	

Easy (188)

			2		1		2	3	
3			2			1			2
1	1	1	1	1	2			3	2
	1	1			2	3		2	1
			1			4			2
2		1	2		4			2	
	2		3			3	3	3	1
3					1	1			1
				3	2		3		1
	4	3	3		2		2	1	1

Easy (189)

	2	2	2	2		2	2	3	2
1	3			3	3	3			
1	4		6		3		3	4	
1				3		2	2	3	3
2	4	4	3	2	1	2	2		
	2		2	1	1	1		3	2
3	4	2	2		3	4	4	3	1
		2	1	2					2
		5	2	3	3	5		5	
3				2		2	2		2

Easy (190)

	1	1		1	2		2	2	
1			2	2	3	3	3		3
2		2		4				4	
	1			3	3	3			2
1	2		2		2		2		1
1				1	2		3	2	1
	3	3			4				2
2				3					2
	2	2	3			4	4	4	
1	1	1				2		2	

Easy (191)

1		2		1			3		2
3	4	4	3		2		4		
			3		2		2		
3		3		4	4		2	3	
	2	2					4		3
2			4	3	5		7		4
2				1					
	3		3			5	6		3
2		1							2
			1	2	3	4		3	

Easy (192)

1	1	2		3				1	
		2		4			4	2	1
2	2		2						1
		1			5		5		2
2		2	2	3			4		2
2			1	2	4		4		
4		4		1	2			2	
	3	2	2	3	3			2	1
3		2		2			3		1
	2		2	1	2	1	2		1

Solution on Page (179)

Easy (193)

2	3			3		1	1		1
		6		3					2
3			3		1	1	2		1
2	4			2	3				2
		4			4		3		2
2	2	4		5		4		4	
1		2			3				3
2			3	2		2	4		3
	3		2		2			2	
	3				2		1	1	1

Easy (194)

					3		2		1
4	5		5			4			1
		2		5				4	1
	4	2		2		5			2
2			1		3	5		4	
	3			2			3	2	1
	3	3			3		3		2
2			2	2			2		
2		4		2			2	4	3
2		3				2		2	

Easy (195)

	2		2		3			3	1
2	4	2		1	4				3
					3				
3	4		3			3	6		4
			3		2	1			3
2		2			1	2	4		2
1			2		1	3		4	
2				2		4		4	
3		5		3	3				
		3		1	2		2	1	1

Easy (196)

	2		2		3			2	
2	4			2		4	3		2
	2				4				
2	3	1	2				3		
	2		3		4	4		3	2
2							2		1
	4		3	3		4	2		
	4			2		4		4	
2		3		4	4			4	2
1			3			3	2		

Easy (197)

	2		1		1	2		2	
2	4	3	3	2				3	1
			2			2		2	
2	3		3	3		3		4	
	1	2		3		2		3	
2		4		4	2		1		1
2			4		2	1	2	2	
3		5		3			3		
	3		2	2		3		4	3
1	2	1					1		

Easy (198)

1		2		2		3		3	2
2		2	1	2	2		3		
		1	1	1		3			
2	3		2					4	2
		3		3	2	3		3	
	3		5				2	3	2
1	3			4		2	2		1
	4	3	3				3		2
		2		3		3	3		1
	2			1			2		1

Solution on Page (179)

Easy (199)

1	3		2	1	2	4		4	
2			2	2				5	
	4	3	3	3			3	3	
2	3		2		3	3	2	3	2
1		3	3	3	2	2		2	
2	2	2		2		2	1	2	1
	1	2	3	4	2	1	1	2	2
2	2	2			3	3	4		
2		3	3	4					3
	3		1	2		5		3	1

Easy (200)

	2		2	2		3		2	
	3				6		4		2
1	4		5						
2			5	4	4	5		4	1
2		4						4	2
	2		5	5		2	2		
1					2		1	4	
2		4	4	4		2	1	4	
	2	1						4	
	1			2	2				2

Easy (201)

1			2	2	2	2		2	
	2						1	3	2
2		2	3	3	4			1	1
1					2		1		1
2	4	3	4	2			2	2	
	2		3		3			1	
2		2			3	2	2	3	2
	2			3		2		3	
2			3			2		5	
	1			3	2	1	1		

Easy (202)

1	2		2		3	3			1
	2	1	3					2	
1		1	3			4			2
1				5	5		3		2
	1		2				3		
3		2		4			4	3	2
		4			3		3		1
4		6			2		2		2
3			4	3		2	2	2	
	3	3			1				1

Easy (203)

3		4		3	1	1		2	
		4			1	1	2	4	3
	3	3	4	4	3	1	2		
2	2	2			5		4	4	
	1	2						3	2
2	3	2	3	4	5	5	3	2	
	3		3	2			2	2	2
2	5		5		4		3	2	
	3			4	4	3	4		3
1	2	3			2			3	

Easy (204)

	1			1			3	3	
1		1			1	2			3
1	1	2	2	3			3		2
1		2				2		1	
	2	2	2	4	4			2	2
		1		3			3		
2		3			3	2			
2		5		5			3	3	3
2		4			4	2			1
1		2	3		3		2		1

Solution on Pages (179-180)

Easy (205)

1	2		2	2		2		1
1		3			2	4	4	
2		4	3	2	2		2	
				2	1	2		3
3			4	2		1		3
	4	4		1	2		5	
2			2					
1					3		4	5
	3		4		3	3		2
		3		3			3	

Easy (206)

2		2		2		1		1
	3		2	3	2	1	1	2
		2	2		2		1	
3		4		4		2	2	1
2			4		3		2	3
2			3	3		3		2
	3	2	2			2		2
	2		3		3	2		1
2		4					3	2
			3			1		1

Easy (207)

2		1		1	2	2		2
	2	2			3		3	2
	1	1			4			3
	2		4			2		5
1				3	3	3	3	
	4		4					6
	2	2			4	5		5
2				3			4	3
1		2	2	5			3	2
	1	1				1	1	1

Easy (208)

1	3		3	2			1	1
1			4	2	2			1
2	4	5		4		3		2
	2			4		3	2	
2			5		4		2	1
	2				4	1	1	1
2	4		5			2	2	2
2				2			1	3
	5		4			2	2	3
1			3		1			1

Easy (209)

2			2	3			1	1
	5					4	3	2
3			4		3		3	3
2				1		2		3
		4		2	1			3
1	2		1	1		3		5
		2	3	3		3		
			2		2	2	3	2
2	3		4	4		2	2	1
	1				2			1

Easy (210)

	1		2			2		2
	1	1		4	3		3	2
1		3	4	5		2	1	1
	4					3	2	2
3			5	5	4	3	2	1
2		4	3			3	2	
	2	2	3	4		3		2
	1			2				
2		1	1	1		4	3	4
			1			2		1

Solution on Page (180)

Easy (211)

	2			1		1	2	
2		2		2		2		2
	2		3		3	2		2
1	3	2	5			2	3	2
2	3		3					1
		3	3		2	2	3	2
2	2			2	2			1
	2	3	3			2	3	2
1			3	2	2	2		2
1	2			1				1

Easy (212)

1				1		2		1
2			4		1		3	1
	4		4	2	3	4		3
2				3			3	3
	3		4		4		2	
2	3	2	3		3	2	3	2
	1			3		2		2
	1				2	2		2
2	3	1	3			1	1	1
	2		2					1

Easy (213)

1		1		1	2	1	1	1
2		3	4		4			2
	2					4		3
2				4		5	5	
	2	3			4			
	3			3		4		
2		2	2		3		3	3
	3		3		2		1	
2			5		5		2	2
2			4		4		3	1

Easy (214)

	2		2		1		2	2
2			2		2	2		4
		1			2		5	3
	2		2		4		6	4
2			1			4		
		3		3	3			2
3				3		1	1	1
2		3	2		4			2
	3			3			3	4
2		2	1	2	2	3		3

Easy (215)

	2	2			3		2	1
3			3	2	2		4	3
	3			3		2		3
3	4				2	2		4
		3	3	4				2
	5	5		4		5		4
2				4				2
	4		4			3		3
			2	2		3	5	2
2	2				2			1

Easy (216)

	1			3			2	1
1	1	2		4	4	3		2
1			3		2		2	1
	3		2			1	3	2
		3	2		1	1		1
		4			1		2	2
4		6		4	3	2		2
2			5			2		3
2			3		3	2		3
	1	1		1		1	2	1

Solution on Page (180)

Easy (217)

1			2		2		2	1
2	4	3	3		4		4	2
	2			1			4	2
1	3	3		2	4	5	3	2
					2			
2			2	2	2	3	4	2
	4	3			1		2	
2					3	1		2
2		3	2		4		3	
	2			2			3	

Easy (218)

		1	2			1		3
	1	2		4			2	
1		3		3	2	3		2
	3			3	4		2	1
2			5		4		2	
1		5		3		3	3	2
2			4		1			1
	4		5		2		2	
		4		4		3	3	3
1	2			2			3	

Easy (219)

	2			1		2		2
	4		2	2	2	2	3	2
1			1			4	3	2
		3						5
	2		1	2	4			4
		1		1		3	3	3
1			2	2		2	2	2
	2		2		1	1		3
2	4	2	4	2	2		2	4
			2			1		

Easy (220)

	1	1	1	2	2	2	3	2
2				3			3	2
	2			2	3			1
	3	3		4	2		2	
4		3			4	3		
	4	3		3			4	2
2	2	2		1		4	3	
1	1	3	2	3	2			2
1		2		2		3	2	
	1		1		1	2	2	1

Easy (221)

	2		2	1		2		1
1	2	1		3			3	
2		1		2		2		1
		3		2	2		3	2
		2		2	1	2		1
3		4	4	2	3		3	2
2	3		2				3	
	3	3				4		2
3		4		3				2
	3			3			2	3

Easy (222)

	2	1		2	1		2	1
	3	1	2			3	2	3
		1						2
2		2	2	2	2		2	2
1	2			1	1	1	2	1
1	3		3		2	2		2
		2	2				3	1
	3	1		2	3		2	
2		1	1	2			2	2
	1	1		1	2		2	

Solution on Pages (180-181)

Easy (223)

	3	2		2		1	2		2
		2	2	3	2	1	2		2
3	3	2	2		3	1	2	2	2
2		3	3			2	1		1
3		4		6		3	2	3	2
	5	5				2	2	3	
			5	4	3	2	4		4
		5			2		4		
3	5		5	3	4	2	5		5
	3		3		2		3		

Easy (224)

1			3		2	1	1		1
	2	2		3				2	
1	1		2	4		2	1		2
2		3		3		1	1		
				4	2		1	2	2
3	3	2	1	2		1			1
	1	1	2		2		2	2	
2		2			2	1	3		3
	1	2		4			3		
1			1	2		2	2	2	2

Easy (225)

1	3		3			1	1	1	1
2				4	2	3	2		2
				3				3	
1		3	3	3	3	3		3	2
	2		2		2				1
			3	3	3	2		1	1
2	3	4						2	
	2				1	2	3		
	3	3	2	2	1	2			4
2				1			4		2

Easy (226)

	2			1		2		2	1
	2	1	2	2	2	3	3		1
1			2					4	
	2				2	3			3
1	2		2	2		2	3		
1	1	2		2			1	2	2
1			2	2			3	2	
1	1		2		3				1
2	2			3		4	4	4	2
			1	2		2		2	

Easy (227)

	2		3			1		2	1
3	4	3	4		2			2	
		3		3		2	3		2
4		4	2		4		3		1
3				4				2	2
		2		3				2	
2	3	2		4		3	3		3
	2		2			1	2		2
2		2		3		2	2		2
	2							1	

Easy (228)

1			2	2			1		2
	3				2	2			2
		2	3		3		2		1
2	3					2		2	2
	2	1	3		5	3			2
2	3	1		2			3	3	
			3	4	4	4		3	2
	4	4				2	2		1
2				4	4	2			2
	3						2		1

Solution on Page (181)

Easy (229)

1	2	3	4	5	6	7	8	9	10
	3	2	2		3			2	
2						5	5		3
1			4		4				
	3		4	2		2	4		3
	3		2		2	1			2
	4	3			2		1	1	
3				3			2		2
2		4				2		2	
2	3	3	2	3	2	4	2	4	2
			1	1		2		2	

Easy (230)

1	2	3	4	5	6	7	8	9	10
2			1		2	2			1
2		4		2			4	4	
	3			3	4	3	3		
	3		4				3		2
2				4			4	3	
2		3		3		4			3
	3		2		4		3		3
2	4			3				3	
	3			4		3			
2					2	1	1	3	

Easy (231)

1	2	3	4	5	6	7	8	9	10
	3		3		1	1	1		1
3				4		1	1	2	2
		5			3			2	
2			4		2			2	1
	3	4		2	2	2	3	2	1
2			3		2	2	3		1
		3		2	2			3	
	2			2		3		3	1
1				3	1	3		4	
		2	2			2		3	

Easy (232)

1	2	3	4	5	6	7	8	9	10
	1	1	1	2		1	1	1	1
2		3		4			3		2
	2				3	3			2
2		4			2		4	3	
	2			4			2		1
2		5		4		1			3
2	3						2		
	2	3		3	3			4	4
2			2	2			4		
	2		1			3		3	2

Easy (233)

1	2	3	4	5	6	7	8	9	10
2			2	2	2	4		3	
4		5		2					2
			2		4		3		
4			3				2	2	1
4			3			5			
		4	2		3			5	
3			2	1	4				3
	2		2		4		5	4	
1				4			3		2
1			1			3			1

Easy (234)

1	2	3	4	5	6	7	8	9	10
	2		2		2		2	2	
2	4		4	3	5				3
	3						4	3	
2	3	3		4	4	3			4
1		2		3		3	3		
	2	4	2				3	3	3
2				3	5		3		
		5	3	4				1	1
3					5	3			1
	2	2	3		3		2		1

Solution on Page (181)

Easy (235)

	2		2		2		3	3
1	2	2	3	3	4	3	4	
2	3	4		4			3	4
				6		5	2	1
		5		5	4	2	2	1
	4	4	3	4		3	2	1
3	4			3	3	2	2	2
		4	5		3	2	2	2
3	3	3			2	1	3	2
1		2	2	2	1	1	1	2

Easy (236)

	2			1		3	3	1
3	5		2	2	3	6		6
			1	1				
3	4	3	2	3		5	6	4
	2	2		3				2
1	2		3			3		3
	4	3	4		2			1
			2				3	
		3			4		3	2
1	2		2		3		3	1

Easy (237)

1		2		2		2		2
	2		2	2	4	4	4	2
	2		1					1
2		2		2	4			2
2		2		2	2		3	3
	4	2		1		4		3
			3				6	
	4			2				
2		3	4			2	5	4
	2			1	1			2

Easy (238)

	3		1	2		4		2
		2	2			3	3	2
2				2		3		2
	3	2		3	4	4		4
3			2					5
		3	3	3			6	
4	5						5	3
		2		1		2		1
	4	2			2	3	4	2
2			1		2			

Easy (239)

			1	1	1	1	1	1
3		2		1	2		2	1
	2	2			2		2	2
1			2			2	3	1
	2		3	2	3		1	1
2		2		1	2		2	1
	3	4	3	3			2	2
3		5			2	1	2	2
3				4				3
	3				2	2		2

Easy (240)

	2		2		2	2	1	1
2	3	1	3	2	3	1	2	1
	2	1	2	2	1	3	2	2
2	4		3	2	3		2	1
1			2	1	2	3	2	2
2	4	3	2	1	1	2	2	1
	3		2	1	2	2	2	1
2		2	2		3	4	3	2
2	3	2	2	2	4		5	
	2		1	1		3		3

Solution on Page (181)

Easy (241)

1	2	3	4	5	6	7	8	9	10
	2	2		3		3	2		1
3			1					2	2
3		3		2		3			1
	5		3		2		3	3	2
	6		5	2		3		2	
	6				1		2		2
3			3			1	1	2	
	5	3			1		1		
	3		2		1			3	2
	2	1	2		1	1	2		1

Easy (242)

1	2	3	4	5	6	7	8	9	10
1	1	1		2		2		3	2
	2	2		2	2	3			
2	3		1		2		3		4
	3	2		1		4	4	3	
1			2		3			3	1
1	3	2	3		2	3		4	
			2	2	2		2		
	3	2					2	4	
2				3		2		3	2
	1		2			1		2	

Easy (243)

1	2	3	4	5	6	7	8	9	10
	2		4		4		2		1
2	4	3				4	3		2
	2		4			4		2	
	4	3		3		4	2		2
1					2	2		2	
	4				3	2	1	3	2
		3	5			2		3	
1				3	3			4	
	2	3	2	2		2			3
					1		2		2

Easy (244)

1	2	3	4	5	6	7	8	9	10
2		2	2		2		1	2	
	4		3	2	4	3	2	3	
3	5		3	2			3	3	
		5		3	4			3	2
5			4		3	2	4		3
		3	4		3	1	3		
3	3	2	2		3	2		5	
3		3	2	2	4		4		2
			2	2			5	3	2
2	3	3		2	3			2	

Easy (245)

1	2	3	4	5	6	7	8	9	10
	2		3		3	2		2	
2	3		3			3		3	2
		2	3	4		2		2	
	2				3		3	3	3
2		4							2
2			2	2	2	2	2	2	1
	4	3					1	2	1
				3	3	4			1
	5	2						3	2
				2	2	4		3	1

Easy (246)

1	2	3	4	5	6	7	8	9	10
	2		1					4	
2	3			3		4	3		
		2		2			3		3
1	1	2	2	3	3		3		2
1	2	2	3			2	3		2
				3				2	
2	4	3	4	3	4		3		1
	2				3			2	2
2		2			2	4	2		2
	2				2		2	2	

Solution on Page (182)

Easy (247)

	2		3		2	1	2	2	1
2		2	4		3	3			2
	2			3					3
		3		3	2	4			2
2				2				3	
2	3		2				2	3	
	4					3			2
3			4	2	2			4	2
	4	4		2		3		3	
2			1	2		1			2

Easy (248)

2		3		2		3		4	
2			1				3		
2		3		2		3	4		3
		2			2			3	
2	3	3		2	3	3	4		2
	2		2					3	
2			2	3		4	3		2
	1	1		3			2	1	
2	3	2				3	2	1	1
			2		2			1	

Easy (249)

1	1	1	1				1	2	
	1	2		4		3		3	2
2		3		4		2			2
				4	2		1	2	
	3	2	2	3		3	1	1	1
2			2	3					1
					3	4		2	
1	1	2	2			3			1
1	1	1		3		3		3	2
	1	1	1	2	1		1		

Easy (250)

		2		1				2	
2		3	3	3			4	3	2
1		2			3			2	
		2		2		2			
2			1	1			2		2
	2		1	2		3	2	2	
2	3		3	4		3		1	
	1	1			4		3	3	2
2	2	2				2			1
1		1	1		1	1		2	1

Easy (251)

1			3	2			1		2
	4		4		3	2	1	2	
2	4					3	2		3
	3		2	4					
		2		4		4	3	3	
3	4			4	3		2		2
			3			3		3	
		5	4		3	3			3
3				3			2		
	2		2		1			3	

Easy (252)

1			2			1		1	1
	4	3			3			1	
2			3	2		3	2		1
2	4		5		5		3	1	1
		5					4		2
2	4			3		2			4
	5		5				4		
	4			3		4	5		
3		3			3			5	
			1		2		2		

Solution on Page (182)

Easy (253)

1		2		3		4	3		1
2	2		1	4				4	2
		1	2			7			2
2	3		4			4		4	
2		4			3	2		3	2
	4		5		2	1	1		
				3		1			3
1		4			2	3		3	
2		3		3		2		3	2
	2			2		2	1		

Easy (254)

	1			1		1		1	1
1		2		2	2		4		3
	3		4		3	4			
1			4	2					4
2	4		3			3		4	
1		3		2			2		2
	2		3		1			3	2
	3			3	1	2	3		2
1				3		1	3		3
1			3		1	1			2

Easy (255)

2		3				1	1		2
3			3					4	
			3			2		5	
2	3	4				2	2		2
1			5			2	1	3	4
	3	5		4		1			
1		5		4			2		3
	4			5	3			3	2
3				4			2		2
			2	2		2	1	2	1

Easy (256)

	2	2		2			2		
3		2	2			3		3	2
	4	2	3		3	2	4		2
							4		2
1	3	2	5		5	3		3	
1			3			2	1	2	
		2		4		3	2		2
1			2				4		2
1	2		3		4			4	
	1				1	2	3		2

Easy (257)

	2		1		2	3		2	1
1		3					3		1
	2			3	4	3	3	2	2
2		4						1	
	3			2	4	2		1	1
2	3				2		2		1
		2	1			2	3		1
3		3	2	1	1			4	2
	4		3		1	3		6	
			3		1	2			

Easy (258)

		1	1	2		1	1	1	1
3	3	1	2		4	2	2		2
	2	1	2			3	3		3
2		1	1	3			3	4	
2	2	1	1	2	3	4		4	
	1	1	2		1	3		5	2
1	2	2		4	4	4		3	
1	3		5				3	4	3
2			5	4	3	2			
2		5		3		1	1	2	2

Solution on Page (182)

Easy (259)

1			2		2		1	1	
	2		3	2	2	2	2		2
1	1	1		3			2		2
	2	2					2	3	2
	3		3	3		2	3		2
	3		2		2		3		2
2	2		2	2		3	4	3	2
		1			1			2	
2	3	3		3		4		4	2
	2					2		2	

Easy (260)

	1			2	3				1
2		3	3					4	
	3		3		6		6		2
2		3		3					4
			2	3	4		5		
		2		3		4		4	
1			3				3		2
	3		4		5			4	
		1		2	3		4		
1	1			1			2	2	2

Easy (261)

1	1	2		2	3		4		
2		2	2	3				5	4
	2	1	1		3	3	4		
2	2	1	3	3	2	1	4		
	1	1			3	3			4
1	1	1	3		3			5	
1	1	1	2	2	3	2	2	3	
3		3	2		2	1	1	1	1
			5	4	4		1	1	1
3						2	1	1	

Easy (262)

	1	1		2		1		2	
2		1			3	2		3	2
		2				2			2
2	3		3	3			2		2
	3	2			2		4	3	2
2	3			2	3				3
	3	2			4	3	5		
2		1	3		4			3	3
	3		4		5	2			1
		2					2		1

Easy (263)

	2	2		3		2			1
3			2		3		3		2
2		3	2	2	2	1			1
	2			1		1	3	2	2
			3	3	2		2		1
	2	2				3	2		1
1		2	2	2			3	2	1
			3	2		3			1
	3				3			3	2
		3		4		2	2		1

Easy (264)

	2			2		4		4	
2		2	1			4			2
1			2	3	3		3		2
	3					3		2	
	2	1	3	3	4		3		2
2	2	1	3		3	1	2		1
		1			4		2	2	
	2		5			2	2		1
2	4				5			2	
				1					1

Solution on Pages (182-183)

Easy (265)

1		1		2	4		4	2	1
2		2	2						1
	3	3		4		5	4	2	
2			2	3	4		4	3	2
	3		2		4				
		3					4	4	2
			3		2				2
3			4		3		4		
2	4		5		5		5	4	4
	2						3		

Easy (266)

	2			3			1		1
1		3	4			4	2		1
1		3						3	2
3					5				1
		4		2		3	3		2
4		4	1		2	3	1	2	
2			1			4		4	2
2	3		3	4				3	
2		3				3	2		2
		3		3	2		1	1	

Easy (267)

	3	1	2			3		2	1
		1	3			3	2	4	
	6	3	3		4	2	3		
			3	2	3		4		
3	5	4		2	3		4	4	4
	3		5		3	2	3		
1	3			4	3		2	2	2
2	3	4			2	1	1	1	1
		4	3	3	2	1	1	1	
3		3		1	1		1	1	1

Easy (268)

2	2	1	1	1	2		1	1	1
		2	3		5	3	2	1	
3	4		4				1	2	2
1		5		5	4	3	1	1	
2	3			4		2	1	3	2
	2	4		4	1	2		2	
1	2	3		3	1	2	1	2	1
1	2		3	4		4	2	2	1
	3	2	3					3	
1	2		2	3		5		3	1

Easy (269)

1	2		2	2	2	2		2	
	2	1	2			4	3	3	1
2	3	2	3	3	4			2	1
2			3		3	3	3		1
2			3	2		1	1	2	2
3	4	4	2	2	2	3	2	2	
		2		1	2			2	1
	4	2	1	1	2		4	3	2
	3	2	3	2	3	2	4		
1	2				2		3		3

Easy (270)

		3	1			2			
3				3		4	3		3
1		4		2		2		2	
1	3		4		2	4	2		2
1				3		2		2	
2					2		2		2
	3		4	3		2		2	
1	2				2	3	2		2
		3		3				3	1
	2		2		3			2	

Solution on Page (183)

Easy (271)

1	2	3	4	5	6	7	8	9	10
1	2	2	3		2	2		3	
				2	2			3	
	4	4	3		2			2	2
3		2			2		3		1
		3		4		4		3	
1					4		3	3	
2	3			6		3		3	2
		4			3		2	3	
3	4			4		3			2
	2		1				1		

Easy (272)

1	2	3	4	5	6	7	8	9	10
		1	2					2	
4	4				4		2	3	2
		3		4		1	1	2	
	4	4			2				2
3			5			4			2
			5	4				4	
3		4			4		2		
	2		3	3			2		3
2	3	3			2		2		2
				2			1	1	1

Easy (273)

1	2	3	4	5	6	7	8	9	10
	2	1			3		2		1
	2		3		4		4	3	2
1	2		4	5		3			2
1		2					3		
2			2	5		4		3	
	2		1				2		2
2	3		2					2	
2		4		2	2	3		2	1
	4		3	3	2		4	3	
		2							1

Easy (274)

1	2	3	4	5	6	7	8	9	10
	4	3		2		2		2	1
				2	1	2			2
	4	4	2		1		2		
3				1	1			3	2
		5	2		2	3		2	
			3	1				3	2
3	5				2		2		
2		6		4		2		3	2
4		6		5	2	3	2	3	
							1		2

Easy (275)

1	2	3	4	5	6	7	8	9	10
1	2		2		2		1	1	1
	3	2				1		1	
3		2	1		3	2	1	1	1
2			2	2			1	1	1
	3		1	2	3			2	
			2			3			2
2	2	2		3	2			4	
	1	2	3			2		4	2
	2	3		3	2	2	2	3	
1							1		

Easy (276)

1	2	3	4	5	6	7	8	9	10
1		1	2	3		2		1	
	2	2				3			3
2	3		5			4			
		2	4		5	3			
2	2		3			3	3	3	2
2		2			2	3			1
	4		3	2		2		5	3
3			4			1			
	5			4		1	2	4	4
1				3		1			

Solution on Page (183)

Easy (277)

		1		2				3	2
3		2			5		4		
2		2					3	3	2
	4		4	4			4		2
2							4	3	
	3			7			2		3
3	4	3	3			4	1		
		2	1		4			3	2
3		4	2	1				3	
1					1	2			2

Easy (278)

1				4		5		4	2
2	3	5		5					
	1	3		5	4	6	6	6	4
2	2	3		3					
1		2	2	3	4	4	5		4
2	3	4	3		2		2	2	
1			3	3	2	3	3	2	
2	4		6		3	2			1
	3	2			4		4	3	2
	2	1	2	3		2	2		1

Easy (279)

1			4	2	2		2		1
	5				4	2		2	
2			5		4		3		1
3		5	5		4			3	2
	3					3			2
	2		3		3		5		2
1			1	1			4	2	
2			2			2			1
3			4	2		2	3	2	2
	4				2		2		1

Easy (280)

	3	1	1		2		2		1
			1		3	3		3	2
3			1		2				1
	1	1	1	3			5	3	
2		1		3		3			2
	1	1	2	3			2	3	
2		1			1	2		4	2
	1			2		3			
2	3	2		3	3		2	3	2
	2		2						

Easy (281)

			2		3	3		3	
3			3		4				3
3	3						5		3
		2	2		4		2	2	
		3	2			1	2		3
	5				1	2			
2	5			1		4			3
	4		3		3			3	
	4		3			3			3
1			2	1	1		2		

Easy (282)

1		2		1	2		3		1
2	3	5		2				4	
1				2	3			5	
3	6		6			5			2
					3				1
	4	4				2	3		1
2	4		4		2			2	
				3		2	2		
		5		5		3	2	4	
2	2		2			3			1

Solution on Pages (183-184)

Easy (283)

		1		1	2	1			1
	4	4			3		2	2	
1				5		3		3	
2	4	4				2	1		
	2		2		2	1		4	
2		2	2			2	2	4	
	3			3			4		
2					4	3			
	3	3				3	3	5	
1	2		3						1

Easy (284)

	2		1	1	2			2	
2	3		3			3		3	2
	1				4	4	2	2	
		2		5				3	2
1	1		1	4		7	4	3	
			1						1
3		3	3		5	4	3	2	1
	3		3		3		1		
3		3	3	3			2	3	3
		2					1		

Easy (285)

	1	1		2			2	2	
3		3			1	2		3	2
		3		3	1	2		3	
	5			3			2		
3			1	3		4	3		3
	4			2			2	2	2
2		3		3		4			
2				3		2		3	2
	2	3			2	4	2		
1		1		2		2		2	1

Easy (286)

	2		1	1	1	2		2	
2	3				2				2
		2	3	2		2	4		
		1				2			
1	1	3	2	4	2	3	2	4	
2		3					1		3
2		5	3	3		1	1		
2	4			2		1		4	3
	3		4		2	2			3
1		1	2	1			4		

Easy (287)

2		3		2		2		3	
3		3	2	3		3	3	4	
	4	2	2		2				3
	3		3			2	4		3
1		2	3		2			2	
1		3		4			1	1	1
				3			1	1	
1		3	2	3	2				1
2		2		2	3		4	3	2
		2	1						

Easy (288)

1	2	2	2		2		3	3	
1			3	2	3	3			2
2	3	3	3		2	4		4	1
	3	3		3	2			3	1
	5			3	2	3	4		3
		3	2	2		2	4		
	4	2	1	3	4		4		5
2		1	1			3	3		
2	3	2	3	5		4	2	4	3
	2			2		3		2	

Solution on Page (184)

Easy (289)

	1		1		2				
2	2			3			5	4	3
	2	4		4		3			
2	4				3				3
	4		4	2			1	1	3
3	6			3	2			3	
						1			2
	6		4	4	4		3		2
	4		3				2		1
	3	1			2			1	1

Easy (290)

	2		2			2	1		1
1		2		4		3	2		1
1					3	3			2
	2		4			2			
1	2	2	5			2	1	1	1
1	1				4			1	1
	2		5			3		2	
		2					3		2
2	2	3		5	5			2	
		2	1			2	2		1

Easy (291)

1					2		1		1
	4	3			5		2		1
		2					1	1	1
	3		5		5			2	
2		3			5		2	4	
2			4			2			
			4	4			3	3	
1		2			4				2
	3		5		5		5		2
1			3		3		4		2

Easy (292)

	1	1		3					
2	2	1	3		5	5	5	4	2
	3	2	3		3			2	1
3			2	1	2	2	4		2
	5	4	3	1	1	1	3		3
	4			2	1		4	5	
2	5			2	2	3			
	3		4	2	1		5		5
2	3	3		3	2	2	3		
	1	2		3		1	1	2	2

Easy (293)

	2		2		2		2		
3	5		4		4	2		4	
			3		3			3	
3				3		3	3		
	4	6		4		3			3
2				3		3		5	
3			3	4	2		3		3
4		4		2		3			2
			3	5	3		3	4	
2	2				2				

Easy (294)

1		2	1	1	1				2
3	4	4		1	2	3	4	3	
		3	2	2			2	2	2
2	4	3	3		2	1	3		2
1	2		3	3	4	2	3		2
	3	1	3				3	3	2
	3	1	3			5		2	
3	5		3	3		4	3	3	2
		4	2	3		2			2
	5		3		2	1	2	2	

Solution on Page (184)

Easy (295)

1		2		2			1	3	
1		3	3	4		2			
2		3			1			4	
	2		3	3		3	2	4	2
1	2		2	2		2		2	
1	1	2		3		4		4	2
2				3		2		2	
3		4			2			3	2
4		5	2					2	
		3		1			3		2

Easy (296)

	2		1			3		3	1
2				2	2			4	
	3	2	2	2		5			2
3			3			5		4	
				4	2	5			1
4		7						3	
	3			5	2		3		2
2	4	6		4		2			3
2					2				3
2			3	2		2	3		2

Easy (297)

1		1		1			3		2
	3	2	2			1			2
	2		2		2		3	4	2
3	4	2		2		2		2	
			2		3		1		1
2	3	2			3	1		2	2
	3		4	3		2	2		
	5		4		4			3	
	5		4	3		3		3	2
2		2							1

Easy (298)

1		2	2	2	4			3	
3	5								2
			5	4		3			2
		3			2			2	
1		2		5		3			1
	2	3		5		3		1	
					4		2	2	
	5	3	5	4		3		3	2
	4		2		3	4	2	4	
	3	1	2						

Easy (299)

		3		3		3		3	
4			3	5			3		
	2	3			5		5	4	3
	2			3				5	
2			4	2	2	4			
				1			5		4
3	6		5			2		3	
	4		3		1		2		2
		2	4	2		1			
	2					1	1	2	1

Easy (300)

			1	2		2		2	
3	3	2	2			3		3	1
1			3		3	4		5	2
	4		3	2		4			
			2				3		3
1	2	1				5	2	2	
	2	2				5		5	3
2		3		3	3				
	3		3	2		4	6		3
					2			2	1

Solution on Page (184)

Easy (301)

1	2	3	4	5	6	7	8	9	10
2		2		3	2	1	1	1	1
	3		3			2			2
		1					1	2	
2	2			5		4			2
	1	1		4		4			2
2	3		3				2		
	2				3	3			2
2	4	3	5	3				3	
	3		4		3	3	5		3
1				2			3		2

Easy (302)

1	2	3	4	5	6	7	8	9	10
2				2	2	2		2	
	4	4				2		3	2
2			2	3	3	3		2	
2	2					3	2		2
	2		2			3			1
4		3			3			2	
		4			3		4	2	
4						5		2	1
4		4				4	3	3	1
			2	3				2	

Easy (303)

1	2	3	4	5	6	7	8	9	10
1		1		1	1			3	
	1		3		3	5			1
1	1	1				5		4	
		3	4	6				4	
2		4				3	3	6	
2			5	3	1				
	4					3			
		3	5		4			4	3
2							4		2
	2			4	2	2			2

Easy (304)

1	2	3	4	5	6	7	8	9	10
1			4	2			3		2
1					4		5		2
	3		5		5			4	
		4	4				4		
3				5	3	2		5	4
2	3	4				2	2	2	
	2		3	4			2		3
		1				4	2	2	
3	4		2				2	3	
		2	1	1		2			

Easy (305)

1	2	3	4	5	6	7	8	9	10
1	2		2				1		2
	3	2	3		1				1
2				1	1			1	1
	3	3	3	3			2	2	
2					4	5		4	2
2	3	3	4		4			5	
	2		2		3				2
2	3	1	2	1			3		3
		2	3	3	3	3	2		1
1	1								

Easy (306)

1	2	3	4	5	6	7	8	9	10
	2		3			2	3		1
2	3	2	4		4			4	
		2		4		4			2
2					4		4		2
	3	3	4						2
		3					4		4
	4			5		2			
2		2	3			2	2	4	
	2				3	3			2
	2			2	2			1	2

Solution on Page (185)

Easy (307)

1	1			2	1	1	2		1
	3	4	5				1		3
2					3	2		4	
	3	4		5			1		
	1							5	
1	1		3			2		5	
1		4		3	1	4			3
2						4			2
3		5	4	3	4		4		
	3		2				2	1	

Easy (308)

2		1		1	3		3		1
	3	2			4		3		2
1			3		4		3	4	
1	3	3		2		3		4	
2			1		1	3			2
3		3		1	1	3	2	3	
	3		1			2			2
2			2	2			2		
	3		3		2		2		2
1			2	1	2	1	2		1

Easy (309)

		2		2	2		2		1
3			2	4		3	3	2	
	3						3		2
3			2	2	2			3	
	4		2	1		4		4	2
			2	3					1
1		3	3			5			1
1		3		4	4			2	1
	4		6			2			1
	3				3		2	1	

Easy (310)

2		4			2		2	2	2
	4			4	2		3		
2	4				2	2			
2		3		2			3		3
	5			2		4		2	
			3		2			3	2
3	4	3		2	2		1		
	2		2	2			3	5	
2			1						
		1	1			4	3	3	2

Easy (311)

		1	1	2	2			2	
2	3	2	2			2			2
	2		2			3	1	2	
1		3	2			4			2
	2			2	2				2
	3		3	3	2	3	4		2
2				2		1			1
1		4	3	4	2			3	2
1	2	3		2		2			
				2	1	2	2	4	

Easy (312)

1		1		2	1	2			1
	2	1		2		3		3	2
	3		2		3		2		1
2	3			1		2		2	2
	2	2		2			2		1
	1			2	2			3	
1	1	2	4		3	1	2		
	1	1			4	3	3	4	3
2	3		3	4					
	2						3	2	1

Solution on Page (185)

(54)

Easy (313)

1	1			3		3		1
1		2		3		4	4	2
2	3		2	3		3		2
2						2	5	
	4		4		4			
1	2		3	2	3		3	3
1		1	2		3		2	2
	2			2	2			2
3			2	2	2	2	3	2
	2	2			1	1		

Easy (314)

	1			3	2		3	
2		3				3		2
	4		4	3	1		3	2
		5		3		1		3
3		5		3		1		3
	3		3	3	1	2	5	
1		4			1	2		
	1		5			3	4	
	1					3	3	3
1		3			3	2		

Easy (315)

	3		1		1	1	1	2
		1		2	2			2
	5	2	1		2	3		2
	4			1				2
	5		4	2	2	1	3	2
	3				2			1
2	4	3		2	2	1	3	2
	2		2			2	2	1
2	3		3			3		2
	1				2		3	

Easy (316)

	2	1	1	1		2	2	1
2	3		1	2	3	4	3	3
	2	1	1	1		3		3
1	1	1	1	2	3	3	5	3
1	2	3		2	2		4	3
2			3	2		2	3	2
	4		2	1	2	2	3	2
3	4	3	2	1	2		3	1
	3			2	3	4	2	2
3		3	1	2		2	2	1

Easy (317)

	1			2		3	4	2
2	2	2	2					2
	1	1		3		3	3	2
2	3	2		3	2	2	2	
	2			2		2		2
2		3			2		3	2
	2			3	2	2		1
2		3		3	2		1	
	3	3	3		3	2	2	1
			2				1	1

Easy (318)

1	1			2		4		1
		3			3		5	2
3			4			5	4	
	4			3		4	3	1
2	4	4			2	1		2
	3		3	2		1	2	3
	4	1	2			1	3	
			2	2			4	
3				2		3		4
	3	2			3			2

Solution on Page (185)

Easy (319)

	2	1	2			3		
2			5	4			5	3
					4		3	1
	3	3	3	3		4	3	
1		2	1		3		4	
		4				4	5	
1				4			2	4
2		4	4		2	2		2
	4		2			5	4	
2		2		2				2

Easy (320)

		1	1	2		2		2
	4	3			2	3		2
4			2	2		2		2
			1	2	2			2
3	3		1	2		2	2	2
		2		2	1		3	4
2	3		3		1	1		2
		2	3			1	2	3
2		2		4		1	2	
	2		3					2

Easy (321)

	2	2		2	1		1	
2			3			2		3
	3	4		4		3	2	2
3	4						2	
		4			4		4	2
		3	3	2			4	3
	2		2		2	2	3	
2	4		4				2	
				4	4	2		4
2	3	3			2		1	

Easy (322)

1	1	2	2		1	1		2
2		3		3	3		3	
3			2				2	2
	3	3			3	2		1
2				2		2	2	3
	3	3	3	2	1			
1			3		3	3	3	2
1	2	2					3	2
	2	2		4			3	
1	2		1		2		1	2

Easy (323)

	2		3		3	2	2	2
1			2				4	
2	2						4	3
1		1	2			6		2
2	2		1	3		2	2	2
1		2				3		2
	3				2			2
1		3	3	3	3		3	2
	2			4		3		1
	1	1	2		3	2	2	1

Easy (324)

	2		2				1	3
	3			1	1	1		
3		3	2	2	2		1	1
					2		2	1
	6		5			2		1
3		5			1	2	3	2
2		4		4		2		2
2		2	3			4		1
	3	1	4		5			2
		3			3		3	1

Solution on Pages (185-186)

Easy (325)

	2	2		2		2	2		2
	3		3		2	4		6	
1		3		2					
3	3	3			2	3		4	3
		2		2	2		2		1
3	3	2			4	2		2	2
			4			2	1		
2				4	5			3	2
	2	2	3		3				
1	2		2			2	2		1

Easy (326)

1		2	3			1	2		1
2		2			4			2	
	4			3	4			1	
			3			2	3		2
3	5	3	4		3		2		1
				2		2		2	2
3		5		2			2		1
	4		4		2	1	2		2
	3			2	2		1	2	
1	2	1	1			2			1

Easy (327)

		2		3		1	1	1	1
2	3	4		3	1	2	2		1
			3		1			3	2
2	3	3	2				2	3	
		2						2	1
2		2		2	1	2	2	3	
	2			3			3	4	
2				2		4			3
2	2			4	4		4		2
	1				2		1	1	

Easy (328)

2		2	3		3	1	1	1	1
	4		4				3		3
		4		4			4		
2	3			4		2		5	4
		3			1				
	1	2		4	2	1			2
1		2					2	1	1
			2	4					2
2	3	2			4		5		3
			2	2		2			2

Easy (329)

2		2	3		3		3		1
	4		3		5	5			1
		3	4	3				4	2
2	3			3			5	5	
			4		3				
		1				3		5	
1						3	3		3
	4	2		3	4			3	
	4		2		2		4		2
	3				1		1		1

Easy (330)

	2	1				3	3		1
	2	2	4		4			3	
		3			3		2	2	
1	2			4			1	2	1
		4		3	2			2	1
3				2		2	2		1
	2	2		3	2		2	2	2
1		1	1			2	2		1
	2			2		2	2		3
1			2			1			1

Solution on Page (186)

Easy (331)

1	2	3	4	5	6	7	8	9	10
1	2		2		2				
	4	3		3		3		3	
		3				1		2	2
			2	4		3	1	2	
3	4		3				2	3	
					5			4	
2		2			3	4		4	
	2	1		1					
2	4		3		3	3	3	4	3
	3		3				1	1	

Easy (332)

1	2	3	4	5	6	7	8	9	10
	2	2		2		1	2		3
2	3		2	3	2	3	3		3
	2	2	2	2		2		5	
2	2	1		3	2	3	3		2
	3	2	3		2	2		3	1
		1	2			2	2	3	1
	4	2	3	2	3	2	2	2	
1	2		2		2		1	2	2
1	2	3	3	3	3	3	2	3	
1		2		2		2		3	

Easy (333)

1	2	3	4	5	6	7	8	9	10
	1			2		2	1	2	1
	2	2			2	3		3	
1		3	3	4		2			2
2	3	4			3		3		1
	2				3			3	
2	4		3						2
	2			2	3	5	7		4
2	3	2		2					3
	2			4	4				3
1			2			2	2	2	

Medium (334)

1	2	3	4	5	6	7	8	9	10
1			3		4	3			
2		3	3					4	
3			3				4		2
	4				5				1
2			5		3				2
	5			4			2		1
		4			3			2	2
2			3				3	3	
2			2		4		4		2
			1					3	

Medium (335)

1	2	3	4	5	6	7	8	9	10
	3				3		1	2	2
	4		5			1			
2			3	3			3		3
			3				2		3
1			1	3				3	
	2			4	3		1		2
			1			1			2
	4								1
	4		2		2		3		2
		2		2		1			1

Medium (336)

1	2	3	4	5	6	7	8	9	10
			5		3	3			2
2	4					4			2
1	2	3	4		5		4	4	2
1		1	2	3		4		3	
1	1	1	1		3	4		3	1
1	1	1	2	2	4		4	2	1
2		2	2		5		4		1
	4	4		3			3	1	1
2			3	4	3	4	2	2	1
1	2	3		2		2		2	

Solution on Page (186)

Medium (337)

1	2			1	1	1	3		3
	3	3	3	1	1		3		
2	3		1	1	2	2	2	2	2
	2	2	3	3		2	1	2	1
2	2	1			3	3		2	
	2	2	3	4		4	2	3	2
2	4		4	4			3	3	
	4				4	4			2
2	4			3	3		5	4	2
1		3	2	1	2			2	

Medium (338)

	1			3		3		1
3		3		3		3		1
			2	3				1
		5		3		2		3
3		4						2
1				3		2	2	
2			3					2
		4		2	2	3		1
	5	4			1		4	
2			3				3	

Medium (339)

	2	3			2		2	
	4				3		4	3
1			5			1		
	5			3	1		3	
		4			1		6	
			4			2		3
2	4			2		1	3	
			3		2			3
2	4	2		1			3	3
								2

Medium (340)

	2			3		3	2	
	3			3		4	2	1
1			1		2		3	
		2		2		4		2
	3		3				4	
2		2			6		3	
		3		5				
	5				6		3	2
				6			3	2
	4	4				3		1

Medium (341)

	2				2	1		1
1				2	3		5	2
	2	2	1		3			2
		1			5			1
2						2	1	
	2		3		3		3	2
2		2		2				2
			4		4		4	2
	3		4			3		1
1		3		3			2	

Medium (342)

2	3	2						3	1
			4		4			3	2
	6			3				2	
	3		4			4		4	2
2	2				3				1
	2	2		1			5	3	
2						2			1
		4							
2			2	3	3	4		2	1
	2	2						3	1

Solution on Pages (186-187)

Medium (343)

1	2			2		4		
			2				3	3
3	3	2			5	4		2
				4			4	3
3		3				6		2
	2		3		6		5	
1								2
	2		3		3		6	3
2		4				2		2
		3	2				2	

Medium (344)

	1				2			1
2		6			2	3		3
2				3			4	1
			3			3		
	1			4			4	5
1		1				2		2
	1		2	4			2	
		5					2	
3				5	3	2		3
	4						2	2

Medium (345)

			4		1	1	2		2
	5			2	1	1		5	
3	4	3	3	3	2	2	2		
		2	2			1	1	2	2
5		5	4		4	3	3	2	1
				3	3				1
3	4	3	3		2	3	4	3	1
	2	1	2	2	2	2		2	1
2	3		3	3		3	3	3	
	2	2			3		2		2

Medium (346)

	3			1		3			1
2	4			2		5		4	
			2			4			2
2		2			4		3	3	
1			3	5		3			2
2		4						2	2
		5			2		2		
2		4		3		1			
	1			3		2		2	
1		2						2	

Medium (347)

1	2		3			3		2
	4		3			3		3
			3		3		3	3
		3			2		2	2
	3			3			2	
1		1	2		2		3	2
	3			2			4	3
			2		2			1
		2	2		3		4	3
1	2							1

Medium (348)

		1			2			1
1			3	4		3		2
	2		2		3			2
	2			4		4		2
2		2					2	1
	2			2			5	
	1		2	2	1			
2		2			2	2	4	3
1		3		3				3
1				2		2		

Medium (349)

1	2	3	4	5	6	7	8	9
				2			2	1
3	5	3			5	4	3	
			5				3	
	5	4			5			1
1					3	3	3	
				4				
2		3			5		3	
2		4		5			2	2
	3				5		3	
1				3		3	2	

Medium (350)

1	2	3	4	5	6	7	8	9
	2	2		2		2	2	
		3			4			3
3	4	4			3		3	
		4	4		4		4	
1							4	
	2		2	2				4
	3			2	3		3	
3			2			2		1
	3		1			2	2	1
2			1				1	

Medium (351)

1	2	3	4	5	6	7	8	9
	2	1	2		3	2	1	1
	2	1		3		1	2	2
1	1	2	2	4	3	4	2	2
1	2	2		2		2	3	2
	2		4	4	3	3	2	2
2	4	3			3	3	4	3
	2		3	3		5		
3	4	2	2	2	3		5	2
	2	1		3	4		4	2
3		2	1	2		2	2	

Medium (352)

1	2	3	4	5	6	7	8	9
2		4	2			2		2
2						2	3	2
	5		5			2	2	
		3		3			2	2
3			3		3	3		1
	1			3				3
2						2		2
	1				2		2	3
2	2			3		2		2
		2		3	1		1	

Medium (353)

1	2	3	4	5	6	7	8	9
2			3		1		1	2
2			1			3		1
		2		4		3		1
	3		2			3		1
	4			4	3		2	
1						4		1
	2	3		3			1	
		2	1	2			4	2
2		4		3		4		1
	2						2	

Medium (354)

1	2	3	4	5	6	7	8	9
	1		1			2		2
2		2		3	1			2
		3				3	4	
				1				2
	2		4			2		3
2		3		2		2		2
				2		2		1
	2	1			1		2	
4		4		1			2	
	3				1		2	1

Solution on Page (187)

Medium (355)

	2				2		3		
2	3	3	4	4		4		6	3
			2		2				
	1			2					
1		3			1	3		6	
2				2			4		3
2			3					2	
		2			4	2	3	3	
	3		4						2
		1			2	1		3	

Medium (356)

	2		1			2			2
3	4			3			5		3
		4			4			3	
4	5						4		3
			4	3		2			
	2	1						3	3
2			2		3		2		
				3				3	2
	3	3				5	3	3	
			1	3					1

Medium (357)

1		2		1	1	1	2		1
3	4	5	3	2	1		3	3	3
				2	3	3	4		
	5		5		2			4	3
1	2	2		3	3	4	3	3	
1	1	1	1	2		2		4	3
	2	1	1	2	2	4	5		
	3	2		2	3				5
3	5		5		4				
			4		3	2	3	3	2

Medium (358)

	2		3		4	2	1		
2		2						4	
				4	4	3			
2	2	1	3					4	3
		1					2		2
2				2		2	2		
1		4		3					2
	3				4	3		1	
		3		4			3		2
1	2			2				2	

Medium (359)

	2			2	2		2	4	
2			2			3			
3		2				3		5	
		3				2			1
3						3	3	3	1
	3		5			3			
2			5	2		3		4	2
						1			
2		2				2	3	3	
	2					2		2	1

Medium (360)

	3				3			2	
2			5		5	3			2
2		4					2	3	
3		4				2		4	
						2		3	
3		3	1					3	3
	3				3	2	3		
2		5				1		4	
3	5				3				2
			4	3		2		2	

Solution on Page (187)

Medium (361)

1			2			2	3	
	3			2	2		4	
	3			3		3	4	
1			2			3	3	
	3	4			3	4		2
2			3	3			2	
		3			3		1	2
2	3		3			2		
	2			3			3	2
	2		3		1		1	

Medium (362)

	2			4		3		1
2		3		4			2	
				4		4		1
	2	2	3				3	1
1		1			5		3	
			1		4		3	
3		3		3				2
3			3		3		2	
	4		3		3		2	2
2				2				1

Medium (363)

	3	2		2		2		2
		2		3	3			2
2	3		3			2		1
			4		5	3	3	
	3		4					2
2						3	4	2
	2	2		2	2		1	
2			3			2		1
	3			3		3	4	
1				2				2

Medium (364)

	3		4		4	3	2	
1			5			2		
		3		4			1	
1		3	2		1	1		1
	3			4		2	2	
				4		1		
2		3	4			4		
	2					5		3
2	4	3	4		5	5		2
				1		2		1

Medium (365)

		2		2				1
4	5		4		3	1		1
			3		4	3	3	
	4	4		5				
2						6		1
	4			5	4		2	
		4	2			3	3	
4			3		3			1
2			3			2	3	1
		2			2			1

Medium (366)

	3		3			2		
	4	3			6		4	2
1				4				
		4		2		2		2
1			3	2			3	
	6		4					
				2		4	4	3
3			3				2	1
	4	2	2		3			2
		1		2			2	

Solution on Page (188)

Medium (367)

		2		2		2		
	4		4		2			2
2		4		5			2	1
					5		2	1
	1		5			4	2	
3		3					2	1
				3				2
		4				1	3	2
	4			2			4	2
	4		4			1		1

Medium (368)

	3	1	1		2		2	
					3		3	2
3		3	2		3	4		2
	2			3	3			2
2		3			1		3	
		2		1		2		
			2		2	2	3	3
2	4	2	3		3		2	
			2			3	4	4
1	2		1					

Medium (369)

1		2		2		3		3
2			2		2			3
	2			3		3		
2		1			3			3
	2		3	3			2	1
1			4			2		1
	4			4	4		2	
2				5			2	
		4	4				3	2
1	2				2			1

Medium (370)

	2		2		2		2	
2			2			2		3
		1		1	2		2	
2		1				4		4
	2	1	3		3			
2	3			1		2	4	4
		2			2		3	2
2	3				4			
	3			2		4		2
	2		2		1			4

Medium (371)

1	2			3			1	1
		3			2		2	
		1		3		2	2	1
2					4	3		3
			1				4	
3				2				2
		2	3		1		2	3
				3	4	3		2
2	3		2			4	3	2
		2		2		3		1

Medium (372)

1		2				3		1
	2			4		4	3	
2			3		2			
	3				3		4	2
2		2	3		4			
	3		2			3	3	2
	3		4	3	4			1
2						2		2
2		3	3	3	3		2	
					2		2	1

Solution on Page (188)

Medium (373)

3		3	2		2	2		2	
		6		5		4	2	4	2
3				5		3		2	
2	3	4		4	2	3	2	3	2
	2	3	3	3		2	2		1
1	2			3	2		3	2	2
1	2	4		2	1	1	2		1
2		2	1	2	1	2	2	3	2
	2	2	1	2		2		2	
1	1	1		2	1	2	1	2	1

Medium (374)

		2		4		4	2	2	
2	3		3						1
	2			3			3		1
2	2				1		1		1
		1	1			2	2	2	
2			2		4			2	
	1	1					2		
2			3	3		3	2	2	
	2				2		2		2
1		1	2			1			1

Medium (375)

	1	2		3		2			
2					1		1	2	
	2		2			2		2	2
2		2		2					2
	1		2						3
2		3		2			3	3	
			5		4				3
	5					1			2
2		3	3			2		2	
	2			2					1

Medium (376)

	2	2				2		3	
			3		2			3	
	3			2			1		2
3		3	2		2	1	1	1	
				2					1
3					2		2	2	
2		4	2				3	3	
	2			2				2	2
1			2		2	2		2	
1		2		2			1		

Medium (377)

	3	1			3		2		1
			4			1			2
	4	2		2		2		3	
	3		2					3	
		1				4		2	
			1				1		1
2				2	3				1
1		1					3		2
	3		3				3		1
2		3		1			2		1

Medium (378)

	1					2	2		1
2		2			4		4	3	
	1		3	3					2
2		3		3		2	5		3
	2								4
2			5		3		4		
	2			4		2		4	
2		4					1		
1		2				3		3	
	1			1	1		2		1

Solution on Page (188)

Medium (379)

2				3			2	2	
	4			4			2	3	2
	3				2			3	
1		3			1	2			2
2	3			2		4			
			2		2				2
1		2			3		3	3	
	2		2			3		3	
	3	2			3		3		1
1			2						1

Medium (380)

1						3		2	
2	5		7			4	2	3	1
	3			3	3	3		3	2
2	3	2	2	2	2		3		
	1	1	1	3			3	3	4
1	2	2		4			3	3	
1	2		3		4		4		4
	4	3	3	2			3	5	
3			2	2	2	3			5
2			3	2		1	2		

Medium (381)

				3		3		1	1
3	3		1				2		1
					4		4		
2		3		2				2	
	3				4		5		2
		3		1				2	
	4		3		3			3	3
2		2	4				4		
	3					3			4
		3	1				4		2

Medium (382)

	1						2		1
1		4			3	1			1
	3			4		1		1	
1			4				2		1
	4			2		3		3	
2		4			1				2
	3			2		3	4		
		3	3		1			4	3
2				2			4		1
	3				2				1

Medium (383)

	2	2	3			2			1
2				4			2		2
		4		4		2			2
2	3							3	
		2		3	3		2		
	3					1			2
4				2		2	2	1	
		4	3		2		2		1
3		3				2		2	
	1				2		2		1

Medium (384)

		3					2		1
3			3			4		3	
2		3	4	3					
	2				4		2	5	
	3	1	3					3	
				5			2		
2					3	3		2	
	3	4					3	4	2
2			4		4				2
		1				2			2

Solution on Pages (188-189)

Medium (385)

	1				2				1
3		4		2		3	3		
			4		4		3		1
3	5					5			2
			5				4		
3		4		6					
2		6				3	3		2
	2			3	2		2		
	3	3			3		2		2
			2				2		1

Medium (386)

		1	1	3		4		4	
3	4	2	2				4		
	2		3	3	5		4	3	3
2	4	2	3		2	1	2		1
	3		4	3	3	3	4	4	3
2	4			3					
	2	3		4	5		7		
2	2	1	1	2			5		5
	1	1	2	4	4	4	4		
1	1	1				2		4	

Medium (387)

	2		2					3	
		3		4	5			5	3
1						5			
2		4		5			2		2
	3			4			2		
	3		5				2		
			6			5	3	3	2
2		4							1
2			4				3	3	
			2	3		3			

Medium (388)

	2			1		2		2	
2			2			2			
2		3		2		2		2	
	4				2		3		1
2				5			2	2	
2		3	4			3			
	2				5			4	
1			2				3		2
	3	3		3	4		3	3	2
			2						

Medium (389)

	2					4			3
2	3	2	4				5		
	1	1	2	3	4		4	3	3
2	3	4		3	2	2	4		2
1					1	2			3
1	2	4	4	3	1	2			3
1	1	1		2	1	3	4	5	
	2	2	3	3		2			2
2	4		4		4	3	4	3	2
1			4		3		2		1

Medium (390)

	2			1			4		2
2		3	2		2	3			4
1				3			4		
	2		4		3	2		4	
1					3				2
	4		5				2		1
2				1			3		3
		3				2			
3	4	2	2					4	
				1	2			2	1

Solution on Page (189)

Medium (391)

1	2	3	4	5	6	7	8	9
	2			1	1			
2	3		2		3	2	5	
	4	3			3		4	
4			3	2		3		3
				1			5	
			4	3		2		
	5					2	4	3
		2		3				
2	3				1	2	4	
		1		1				1

Medium (392)

1	2	3	4	5	6	7	8	9
			2		2			1
	3			2			3	2
	2		2		2			1
1			3	4		2		1
	3		4			4	2	
3								2
	5		4	3		4		
2		3			2	4		3
2					4		3	2
	3		3	2		2		

Medium (393)

1	2	3	4	5	6	7	8	9
	2		2		2	2	1	1
2				3				2
		1			3		5	3
	3		2			4		3
2		1		3	4			2
	2					4	3	
			3	2		2		
	5		5		2		3	
	5			2			5	
	3		2		1	2		2

Medium (394)

1	2	3	4	5	6	7	8	9
	2		2		2			2
2		2		3		5		5
	1							1
1		1	2			2	2	
	1			2	1	2		1
				2			3	2
3		4	2		2	3		
4				2			5	2
4				2			3	
	3	2		2	1		1	1

Medium (395)

1	2	3	4	5	6	7	8	9
	2		2			2	2	1
	2		3	3			3	1
1		1			2		4	
2			2	3	2		3	
3		4		3		3		2
			4	3	4			1
	3		3					2
2		3			4	5		3
4			2				3	2
				3				1

Medium (396)

1	2	3	4	5	6	7	8	9
2		4				2		1
4			5			2	2	
				3	1			2
	6			5		2	3	
		3				4		2
	5				3			1
			1	1		4	2	
3				2		2		
2		3			1			2
	2		2	1		2		2

Solution on Page (189)

Medium (397)

C1	C2	C3	C4	C5	C6	C7	C8	C9
	2						1	1
1	2	2			4		1	
	1			3		1		1
		1			1		1	1
	2		2		1		3	
2		1		2		2		2
		2			3		3	2
	3		1					1
2	3			4		5	4	2
	1	1						1

Medium (398)

C1	C2	C3	C4	C5	C6	C7	C8	C9
1	1			1	1	2		1
			1				2	
2		1		1	2		2	2
	2		3		1		2	2
2		3		3		3	4	
			3		3			2
1		2				5	3	
	2				4	3		2
		2			2	4	3	
	2					2		1

Medium (399)

C1	C2	C3	C4	C5	C6	C7	C8	C9
	3		2		2		2	
	3			2		3	3	2
1		1					3	
1		3		4		3		1
	2			2		1		2
			2		2			
	1				3			2
2		4			1	3	3	
2			4					2
	3			2		2	1	

Medium (400)

C1	C2	C3	C4	C5	C6	C7	C8	C9
		4		1		2	2	
3	4		2					
	2		3		2		3	3
3		2		2		3	2	
		2						1
	3			1	2		3	
2			3			3	3	1
	2			3			2	
2	3		4		3			1
		1		2		1	2	1

Medium (401)

C1	C2	C3	C4	C5	C6	C7	C8	C9
1		2		2		1	2	2
	4			2		1		
	7		5		2		5	
				3		2		2
	6	7		6		4	2	
	3				4	3	2	
	3		2	2				2
	5		3	3	2	2	3	
		3				1		

Medium (402)

C1	C2	C3	C4	C5	C6	C7	C8	C9
2		2		2		2		2
	3		3			3	2	2
2			2		2		2	
	2			2		2		2
3			3			2	2	
				2			3	2
3			5		1	2		
1				3		3	2	1
	3	3					2	
			2	3		3	2	1

Solution on Pages (189-190)

Medium (403)

1	2		2			1		1
		2	3		5		4	2
2	3		2				4	
				3		3		2
1		2	3		2		2	2
2					4		3	
		3		2				2
	3				4	5	4	1
1				2				2
		3	2		2		1	

Medium (404)

2		2			3		3	2
	3			5		3		
	3		4				4	
	4			6	3			2
	6	5				2		
3			4		3		2	
	4		3		2		1	2
	2			2		2		
2		4			2		4	
	2				3		3	1

Medium (405)

				1			4	2
2		2	3		4	4		3
	2			2		4		
		2		1		4		2
			2		1		4	
2			4	4		5	4	2
	3					2		
2			4		4	1		
	2	3			3	2	2	2
	2			3				1

Medium (406)

2		3		3		2	2	
	3			2				3
2			3		1			2
				2	2	4		2
2	2	1						1
		3		3	3			
	3			1			2	
		3			2		2	2
2			4		2	2	3	2
	3			3	2			1

Medium (407)

		3		2		2		
4	4			3			4	5
		3			4		4	3
3			4			3		
	2		4		5		2	
1		2		4		3	3	2
	4		4		2		2	
				1				
	4			1	2		2	
1		2					1	1

Medium (408)

	2			3		2		
	3				2		4	3
2		3			3		4	
4		3	3		3	2		
			3			3		
3		2		3		3	3	
	2			2		3		2
	3		2				3	
2			3	2	4	5	4	
2		3						2

Solution on Page (190)

Medium (409)

1			2		2		2	3	
	3			3		2			
2			3				1		
	4			1		2			1
		2			2			1	
2	2		3		3		2		1
	1	1				1			2
	2		3		3				1
1		2		3		4	3	3	
		2							

Medium (410)

	2		1	2		3	2	1	1
2		2					2		
	1			2					
2		2			3		2		2
			3		3			1	
2		2				3	2		2
	2	3	3	4				2	
2									2
3			5	3		4	3		
					2			1	1

Medium (411)

	2		2					3	
2			3	2	3		2		
	2			2		3			3
2			3		4			2	
	2		2			3	2		1
2					1			2	
		2	1	1		2		3	
	1			1			2		
1			2		2		2	3	2
		2							

Medium (412)

	2	1						2	
1			3		4		3		1
1			3			2		1	
	2	2		2	2		3		3
1			3			1			
	1				2		1	3	
		1			2			3	2
1		1	1						1
1		2			4		4	2	
1							1		1

Medium (413)

		1			3		1	2	
	3		4			3			1
2			2	3	4			3	
	3						3		2
2	3		2		4		3	3	
		2			2			2	
	2		2			2	2		1
1					1			2	
	3	2		1			3	4	
2			1			2			2

Medium (414)

3				3		2	1	2	
		6		4	2	3		2	1
	5	6		4	3		4	3	2
3				3			5		
	4	5	3	3	2	3			3
2		3		3	1	2	3	3	2
1	1	3		3		1	1		1
1	2	3	2	2	1	2	2	2	1
2			1	1	1	2		2	1
	3	2	1	1		2	1	2	

Solution on Page (190)

Medium (415)

1	2	3	4	5	6	7	8	9
	2			1		1	2	
	3	2	2			2	4	2
2					1	2	3	
		3		2				3
3	3		2			2		
				3	2		3	3
	5				2		2	
		2		3			3	2
	5	2	2			4	3	
	3			3				1

Medium (416)

1	2	3	4	5	6	7	8	9
2			1	2		1		1
	2	3					2	
1		3			2			2
	3		4		4	2		
		3		4		4		
	4					2	3	
2			4		2			1
				1		2	2	1
4	5	3	2				4	
			1			2		

Medium (417)

1	2	3	4	5	6	7	8	9	10
1	2			2		1	1		1
3		4	3	3	2	2	2	3	2
		4	2		1	1		3	
		3		3	2	2	2	4	
3	3	3	2		2	3		3	1
2		2	2	3	4			5	2
4		3	1			5			
		4	2	5		5	3	5	
5		4		4		4		3	2
		3	2		3		2	2	

Medium (418)

1	2	3	4	5	6	7	8	9
1		2	2		2			1
2				2			2	1
	3		3		2		3	1
2		2	4		3			2
	2		2		3			2
			3		2	2		2
		2		3			2	1
2		4	3		2			1
2					2	3	2	3
	3			2				

Medium (419)

1	2	3	4	5	6	7	8	9	10
1		3	3	2	2		3		2
2					3		4		
	3			4		3		3	
			3						3
1	2				3	3	4		
		2		2				2	
	2		1		1		3		
1		3		2			1		
2		3		2	2	3		3	2
2							2		

Medium (420)

1	2	3	4	5	6	7	8	9	10
		4	3			1			1
3			3			2	2		
2	4		4						2
2		2		3		4			
	2			4			5		3
	3					4		5	
3			3	2					
	3			1	2				
2			3		3		4		3
	2	1					1		

Solution on Page (190)

Medium (421)

1		2		2			1		1
	3		4		2	2		3	
2			5			1		2	
2			4				3		3
	5			2	2		2		
		3				3		3	2
3			2			5			
	3			4				3	
		3			3		3		2
	3		2		1	1	1		

Medium (422)

	2		2			1	1		
		2		2	3			2	2
1			2			2			1
2		2		2	2			2	
	2		1				2		
3		1			3				1
		2				2		1	1
3	4		5		5				1
		3					2		2
2	2			3	2			2	

Medium (423)

		1		1		2			2
1				2			2	3	
	3			1			1		2
		3						2	
3			3	2		1			2
	4						2		1
		3	3		3				2
	3			4		3			1
		3				2		3	
	1	1	2		3		1		

Medium (424)

	3		2		3		2		1
		2				2	2	1	
	3			2					2
1		2	2		2		2		
	3		1		2		3		3
			2		2			2	
	3	2		2			1		1
2				4	2	2		2	
2		3				2			1
	3				2			2	

Medium (425)

		2					1	2	
	3	2		3					2
2		2	2		3	4			1
1				2			4	3	
	3		3		5			2	
1			3						2
	2	4		4	4		3		
2								3	
4		5			4	3	2		
			1	1				1	1

Medium (426)

	1		2		2		2		
2		2		2		3		3	1
	2		1		1			2	
2			1		3				
	2	2					2		2
2			3		3	2			1
2	4						3		3
			4			2	4		
	3	2			4				4
2						1			2

Solution on Page (191)

Medium (427)

1			1			1	2	1
	3	3		2		2		
			2		2		4	2
2	4	3		3				2
			2				4	
3	4			4			1	
				2		2	4	
3			3		2	2		2
	3	2				1	2	
1			2				2	1

Medium (428)

1		1		2		1		1
	3		2		2		3	
		2	4	4				4
			3		3			
	2		4				2	3
2		3			4		3	
	3		3		3	4		
2				2	2	2		
		2			2	4	5	3
	1			2				

Medium (429)

	1		1		2		2	1
2	3	3		3		3		3
	4			3		4		
			5		3		4	3
		3		3		2		1
	2	3		3			2	2
2			2		2		2	
3		2			4		2	1
		2					3	1
	2		2			2		

Medium (430)

	1		1		2			2
2		1			4		4	2
	3		2			3		1
3		4		4	2			1
				2	2	3		1
2		4	3				2	
2			1		2		2	
	3	2	3	2			1	2
2					3			2
	1	2		2		2		

Medium (431)

1		1		1			2	1
2	2		1		2	2		1
1		2		2				1
2					2	2	2	
		1	3	2	3			2
	2	1				2		
1			4		4	2		2
	2	2			3			2
				3		3		
1	2		1		2		2	1

Medium (432)

1		1		2				1
2		2		3		3	4	3
	2							
2	4			3		3		3
	2		2		2		3	3
1			4	3		2		
1				3		2	3	
	1	1				1		2
2		1		3		1	1	2
				2				2

Solution on Page (191)

Medium (433)

	3	1	2			1	2		1
				1				2	
2		3	3		2			2	
	3			1		2	3		2
	4			3		2		3	
4							1		
		2		3	4			1	1
3	4		2						1
				2	3		3		1
	3	1				1		2	

Medium (434)

		4			2	2	2		1
2			3					2	
	5		4				2		
				3		2			2
	7				2			2	
	5			2			2		1
4		4	2			6			2
			3						
	4	5	5			4			3
1							3	2	

Medium (435)

	2	3	3	3			1		
3						2		4	3
					2		3		
3	5		3					2	2
		3		1	3		4		1
2								3	
2		3			4		5		3
	2			2		2			3
3			3			2	3		2
			2		2				1

Medium (436)

1			1		3		3		
	3		3	2			4	3	
2			2		4				2
	2			2		3		2	
2	3		2						1
					2			2	
2	3	2	2		1			2	
					3				1
2	3			3		5	2		1
		1	1					1	

Medium (437)

	4		2		3		2		
	2	2	3			4	4	3	3
2	2	2	2	4			4		2
1	1	2			4		4		
2		3	4	4	3	3		4	2
	4	5				2	2	2	2
3				4	2		2	2	2
	6			2	2	2	3		1
		4	3	2	2		4	4	3
3		2	1		2	2			

Medium (438)

3		2	1	1	1	1		2	
		4	4		2	1	1	3	2
2	4			3	2	1	2		
2	4		4	3		2		3	2
		3	3	2	3	3	2	2	
2	4		5			3	3	3	2
1	3				4	4			1
1		5		6		4		4	2
2	2	4		6		4	2		1
	1	2		4		2	1	1	1

Solution on Page (191)

Medium (439)

1		2		3	2		2		1
2		3				2			2
	2			3	3			3	
1	2		2						3
1		1			2		2		
	2			2			2	3	3
3				4	3				1
	2	2		3			1		
2	3	2			4		2	1	
			2		2	1			

Medium (440)

	1			1	1	1		3	2
1						1		4	4
2				2			2		
	1	1				3			4
2	3	2		3				4	
			2		4		2		2
2				3		3			2
	1	1		4			2		1
2	2						3	3	2
		1	2					1	

Medium (441)

	3			3		3		2	
1			3				2		2
	3	3		3					2
3			3					3	
					1		3		2
3	4	5	3		2				2
					3		2		2
2		3			3	3			2
	2				3		1	1	
			1	2					1

Medium (442)

	1				1	2			1
1			3		1			3	
	3			3			3		2
	2	2			2			1	
1		1			2		2	2	
	2	1		3		4			2
			2		4			4	
	2		3			4	3		2
1				3		3		2	
		2	1				1		1

Medium (443)

	2				1	2		2	
1		1					2		1
	1	1	1		3	3		2	
1		1		3			2		
	2	2			4				
	2		4			2		2	
3					3				1
		3	2			4			1
3				2			3		2
	2			1	1		2		3

Medium (444)

	3	3			1			3	
				3		2			2
3	6		4		2		5	4	
			4		3				2
		5			5			3	
1			6						2
	3	4			4		1	2	
		2		4			2		2
		2	3		3	3		3	
	3						1		

Solution on Pages (191-192)

Medium (445)

		1	1				3	1
	5			3	4		2	
			4			5		2
3					3			2
	1			3		4	3	
1		1		2				2
	3		3					
1				3		1		
	5		7			2	3	2
1					3			

Medium (446)

1				2	3		2	1
1			3			4	3	
1	1	1				3	2	
		2	2		3	3		1
2				2				1
3		4				4	3	1
			2					1
3		4		2	4	2	1	1
	3		2	2	2			
	2					2	1	1

Medium (447)

1		2			2		2	1
	2		3	4			2	1
2		3				3	2	
	5		3				2	
				2			3	3
4		6		3		2	2	
2		5		4			2	2
	2				2			
2		3		3		4	3	2
			1		3		3	1

Medium (448)

	2		2	1		1		1
2	3			2			2	1
	2					4		2
		3				4	2	
2		5			6			2
	4						4	1
	4	3	4		5		5	2
	2			3			3	
2			2	4				3
		2			2	3	3	

Medium (449)

	1		1		2		2	
2		3			3		3	2
		4		2				
2		2			3	3	2	1
	1		3		3		2	1
1				6		3	2	
	1	2					2	1
				3		2		1
2			1	2	2		4	
	1	1				2		

Medium (450)

	4			2			1	
2			4		3		2	2
	3		4	3		2		2
1					4		2	1
	2		3		3		1	1
2			2		3			
2		3		2			3	3
3							2	
		4	3			5		2
	2			4			2	1

Solution on Page (192)

Medium (451)

2	2	1		2		2		2
			2			2		3
3	4	3			3		2	
1				2		1		2
			2		2			1
	1	2						2
		2		2		2	2	
2	3		4		3			1
					4	4	3	
	2	1	2		3			1

Medium (452)

	2		2	2			3		1
		4			5			3	
2				3		5	5		2
4			5					2	
		5					2	3	
	5							2	
2					2				3
	3				3			1	2
1					1		3		2
		1			3				1

Medium (453)

	1	1	1	2		3			3
2	2	1		2	1	3		4	2
2	3	3	3	1	2	3			3
2	3			2		2	3		
	3	3	3	3	2	4		7	
2	3		1	2		5			
1		2	2	4		5		4	2
1	2	2	3			3	2	3	2
1	3		6		4	2	3		
	3				2	1			3

Medium (454)

1		3				2		3	
	2				2		1		
1		3		1		2			2
3	5		3		2				1
					2			2	
3		3			3				2
	2					2		4	
2			4	2			2		
	2				3	4		3	3
1			3				1		

Medium (455)

	2				1	2		2	1
		2	2	1			2		
1			2		2	2			2
	3	4			2		3	3	
1	2							3	
	4		5		2				
				2		3		3	
3		5	3	3	2		2		1
	4							1	
			2	1	1	1			1

Medium (456)

1		2		2		2	2		2
	2		3		4			3	
2			2					2	
1		2		2	3		3		3
	2					3			
	4		2	3					
						4		2	
4	5		2		2		3		
		3		3				3	
	2				3		3		2

Solution on Page (192)

Medium (457)

	2			1			1		1
1		1		1		2			2
	1			1					3
1					3				
	2			4		3	4	5	3
		3			3				3
2		3					3		
	2		3				4		
	4			5			6		3
	3		3				3		1

Medium (458)

		1		2		1	2		
	2		2	3					3
		2			1				2
2		3					1	2	
	5		4		4	3			2
2				3					
	4				3		4		2
1				1		2			3
	3		4				4		
1		2			2	2		2	3

Medium (459)

	1				1			2	1
1	1	3		2					1
			4			3			
1		3	3		3			2	
	3				6	3	3		2
2			3						2
	2		2		4				2
2		1			1		3		
	4				2	3	2		2
2			2						2

Medium (460)

	3		2		2	1	3		3
	3	2	3	2	2		4		
2	2	2		2	1	2	4		3
	1	2		2	1	2		2	1
2	3	2	2	1	2		4	2	1
	2		1	1	3		4		2
2	3	2	1	1		3		3	
1		2	1	1	2	3	3	3	2
2	3		3	2	2		2		1
	2	2			2	1	2	1	1

Medium (461)

2			2	2				1	1
	4	3			5		5		
			3	3					3
2					5	5		5	
	2							2	
1			3				1		1
	4	4		2				2	
3				3					
	5			2	4	3		4	3
		1							1

Medium (462)

1	2			1			2		1
		3	2		3		3		2
1			4						1
	3					3			1
	2		4					4	
	4		2			1			
	5				4		4	4	2
	3								
	3			5	6			5	
	2			2			4		

Solution on Pages (192-193)

Medium (463)

	2		1		2	3		2
2			1	2				3
1		3			3			2
	4		2			2		
		3			5			
4			2	3	4		4	2
	5		2			1		
			2		2	3	2	
3		3		2				
	1		2		2	1	2	1

Medium (464)

		1		1		3	2	1
	2	1	2		2			3
2					2	2		
		2		3		2		
2			3		2			1
	4		4	3			2	
2		3		3		2		1
	2	3	3		2			1
3		3			2			1
		3		1		1		1

Medium (465)

1				2		2		2
	2		3		2		3	
2				2			3	2
	3	5			3		4	
2						3		1
		4	2	2		3		2
3			3		2		2	1
3						2	3	
	5	5	4	3			2	2
						1	2	

Medium (466)

1		1			3	2	2	
	1	2		5				4
2				4		2		
	1	1			4	2		2
2				2	3		2	
						2		2
2		2	2	1			2	
	2				3	3		2
3		2	2			3		2
						3		2

Medium (467)

1	2		2	2		1		1
		4			1		3	
	3				2	3		2
	3		3	2			2	2
3		3			2			1
3		5	3	2	2		2	
3					3		3	1
		4			2		3	2
2	3			1		3		
		1			1		3	1

Medium (468)

1		2		1		2	3	1
1			2		1		4	
1			2				3	
		4		3		1		1
	3			2	2			1
2			3	1		3		2
	3			2			4	3
2		2		3		2		2
	2		2		1		2	1

Solution on Page (193)

Medium (469)

1	2	3	4	5	6	7	8	9	10
	2		2			2	2		1
	2	1			5			2	
1			2				2		
		3		4					1
2		3			1		2	3	
	2		3		3				
1					1		4	4	2
	3	1			5				
	2				5			5	2
1		1			4				1

Medium (470)

1	2	3	4	5	6	7	8	9	10
			1	2			1	2	
4	4					5			3
		4		5					
3	3			4		5		5	
2		4		2	1				1
				2		2	3	3	
1	4								
1					4	3	4	4	4
	5			3			2		
		3	2		2			2	

Medium (471)

1	2	3	4	5	6	7	8	9	10
	3		3		3		2	2	
2			4			3			1
3		5		4	4				1
			1				3		1
2	3	2		2	3			2	
			4			2		2	1
2	4		5		3				1
							2		2
2	3	2	3	2		2		2	
									1

Medium (472)

1	2	3	4	5	6	7	8	9	10
1						1			2
	5			5	3				3
	6			4		4	5		
			5		3				2
	5							2	
1		2		1		2			1
	2		1		3			1	
1		1			3		1		
2			4			2			2
	2			3			2		1

Medium (473)

1	2	3	4	5	6	7	8	9	10
1			2		2	2		2	
2		2					5		2
	2		4		6				2
2				3					3
			4				5	4	
2		3	2			2			1
	1	2				3	3		1
	2			3					
2				5			3		
		3	3			3		1	1

Medium (474)

1	2	3	4	5	6	7	8	9	10
	2		2		2				1
3	4			2		5		4	
		2							2
3			3	2	4		5		1
	2					2		2	
3		3	3		2		2		
3		4		3		3	3	3	2
2	4			2					1
	3			1				1	1

Solution on Page (193)

Medium (475)

	2		2		3		3		1
2		2			3			2	
	2			1		1			
1			2		1		2		2
2				1				2	
		3			3		3		1
3	4	4		3		3		3	2
			2				2		3
2	3	3			2				
1					2		1	1	1

Medium (476)

2		3		2		2			1
2			2				3	3	
	3		1		4	6			2
3		3							
			4		5	4	4		2
4								3	
	5				3			4	
		4		4		2	3		
3						2			4
	1	1				2	3		2

Medium (477)

1		2	1		1	3			1
	2			1				5	
					3			5	
3		3			2		4		
	3	2		2	2	3		3	2
			2				4		2
	3						3		
3		2	3			3		2	
	2		2		2				1
1		1		1			2	1	

Medium (478)

	2			1					
3				3		4			4
	4		2			3		4	
	5	3			3		2		
4			2					2	1
			2				4		1
4		3			3				1
4				3		2	2		1
	2				2			3	
	2								1

Medium (479)

	2			1		2			
3		3	2				2	5	
				2	3	2		3	
4			4						4
2		4	5		6		5		
					6			4	
	3			4					3
2			3			4			2
	3		5		4		2		2
	2	2					1		

Medium (480)

	2		3		2				2
2		4				3		4	2
	4		6		4	2		3	
2			4				4		
		1		4					2
2			4			5		3	
	2						1		2
1		2		5		4		4	
1				4					2
		1	2					2	

Solution on Page (193)

Medium (481)

1	2		2	3		3		3	
	4	3	3			4	2	4	
		3		4		2	1		2
5		4	2	3	2	2	2	3	2
		3	3		3	2		2	
4	4	4				3	1	2	1
		4		5		2	1	1	1
3	4		4	4	2	2	2		1
	2	2				3	3	4	2
1	1	1	3			3		3	

Medium (482)

	1	2			3		3		
1				2			4		2
	2			2		3		2	
	3		4			3			1
2			6		6		1		1
	3		4						
2		1		3	3			4	2
	1		1			4			
		1		4			2		2
	1					3		2	

Medium (483)

2		3		3		2			
	2				2			3	2
3			3				2		
				1					1
		3			3		3		2
	2			1			2	1	
	2		2			5			2
1		3		3				2	
	2		2			5	4		
1		2		1				2	

Medium (484)

1						3		3	1
	4		4		4				2
2			3		2			4	
	3				2		3		2
	2	1	2			1			1
2				2			2		2
	3		4		2			2	
		3			1				2
2				3				3	
	2		1				1		1

Medium (485)

2			2			2			1
3		4		3	3			3	
	3		2			2	3		2
2					2		3	2	
		1	2	2		2			2
		2				2		3	
1	1				5				1
1		4		6			4		1
2					5			2	
		1	2		3				1

Medium (486)

	2		1		2			3	
		3				6		5	2
2	4			4				4	
				4		6			2
3	4		3		4				
	3	2			5		3		2
			2	2			1		
	3				4		2		2
1		4				2			2
					3			2	

Solution on Page (194)

Medium (487)

1		2		2		2		2
	3	3		2		2		1
	3		3				3	
1	4			3		3		4
1			4			2		4
		3			2	2		2
2	2	2		2			2	3
			2		3		2	
2	4			1			2	3
1								

Medium (488)

3		2	2		3	2		2	
		2	3		4		4	4	2
3	3	2	2		3	3			1
1		1	2	2	2	2		4	2
2	2	3	2		2	2	3		1
1		3		3	3		3	3	3
2	3		3		4	4	4		
2		4	3	3				4	3
3		4		3	3	5	3	4	
2		3	1	2		2		3	

Medium (489)

	3	3	4		2			
3					7			2
	4	5					4	1
1			4		6			1
		4		2			1	
				3		2	2	1
3		5						1
	1					3	1	
3		2			5		2	1
			2		3			1

Medium (490)

			3		2	1	2	1
	1	1					3	1
1	1			3	4			1
	3		3				2	2
	4			2		4		
2		4		4			5	
2		2			5			2
				3		4	3	
2	3		2		4			2
		1				2	2	

Medium (491)

	1	1	1				2	
2					3			3
	2	4		5			1	
1						4		3
	4		5	4			3	1
1					4			2
	3					3	2	
		2	3	3			3	2
2	3		2		2		3	
	2				2			1

Medium (492)

	2		2			2	3	
3				3	2			1
		4		2			2	3
3			3			3		3
2		4		3	3		3	
		3					5	
2			3	4				3
	2				2	5	5	5
2	2			2				
	1	1			3		2	1

Solution on Page (194)

Medium (493)

1	2	2	2		2		2		1
				1		1		1	1
	5				2				2
1			3	2			3		
		3			3	3			2
	2		3			1		2	
	2		2		3		4		2
1		2		1					3
1		2		3	3		5		4
						1			

Medium (494)

1	1	2		3	2	3	4		2
	1	2		3					2
2	2	2	1	2	3			4	1
2		4	2	2	2	4		4	2
4				3		3	3		
		6		3	2		2	2	2
3		3	1	1	1	2	3	2	1
1	2	3	2	2	1	3			3
1	3			2		4			
1			3	2	1	3		5	

Medium (495)

1	2		2		2			3	2
	2	1	2	2	3	3	3		
2	3	2	2	2		2	3	4	3
	3			3	2	3			2
1	4			3	2		4	5	
1	4		6		4	3		4	
1			6		3		2	4	
2	4			3	4	2	3	4	
1		4	4		2		3		
1	1	2		2	2	1	3		3

Medium (496)

	3		3				4		
	4		4		4	3			3
2	3			3		2			2
				4			2		
2	3	3				2		2	
			5		3	2	3		2
		3		4					1
	2			4		2		2	
4			3		3		2		1
			2					1	

Medium (497)

2		2		1	1				1
	4	4	2	3	2	4		4	2
		3		2		3	3	4	
5		5	3	4	2	2			3
		5			3	2	4		3
3	5					1	2		2
2			4	3	2	1	2	2	2
4		4	1	1	2	2	2		1
		2	1	2			3	2	2
	3	1	1		3	2	2		1

Medium (498)

	2				2				1
2		3	4			1		1	
			3			2			2
3		4		3			2		1
	2		2		3	4		2	
	2								1
2		3		3	2	2	3		2
4			1			1			4
		4		3					
	3			2			1	2	2

Solution on Page (194)

Medium (499)

1				2		2		
	3	3	2			4	5	3
2			1	3		3	3	
2		3				1		
				3	4	2		
3	5		4				5	
						4		3
3		7			2	4		
	4			3		3	3	2
		3				1		

Medium (500)

1		2	3			2		1
	2			3	3	2		2
			4		1	1		
	2			2			4	3
2		2	4			2	3	
	2				3			3
2			4	4		3	2	
		2						1
3	4		5			4	2	
		3		3	3		2	1

Medium (501)

2	3				3		3	1
		5			3			3
3	4		4	4	2		3	
		3				2		3
2				3		2		1
	1		2		2		2	
2			3		1			1
			3					2
	6	3		4		3	2	
							1	1

Medium (502)

	2		2			2		2
2	4	3		3	2			2
						2	3	3
2			4		2			
	2	2		2			2	
2				3			1	1
				4	3	4		1
2	4	4				3		3
			2	2	3		4	3
	2	1						2

Medium (503)

			2	4			2	1
3		2					3	1
	2	2	4			2		2
2					2		2	
	3		3			3	3	2
3				3		1		
3			1		1		2	2
		1		1		1		1
2			2		1		4	
	1			2			3	

Medium (504)

1	1		2		3			2
			3			2		2
3		3			2	2		
	3			1			1	
	4		2		5	4		1
		3						1
4		5		5			5	2
	3			3	1	3		2
2			4				4	
	2			1	1	1		

Solution on Pages (194-195)

Medium (505)

	2	1	1	1	2		2		1
3		1	1					3	
	3		3		4	3			
2							1	3	2
	4		2			2	1		
		1			3	3			2
2	3							2	
				4			3		2
	2	2			4		3		2
1			2		2			2	

Medium (506)

1		2		2		2		3	2
	2		3		1				
3				1		2			3
					3			3	
4		3					2		1
2			2		4	3			1
			2			2		2	
1		1			3		2		1
	3	3		2		1		2	
1				2					1

Medium (507)

1		2		2		2		2	
1		4			2		2		2
	3			2				2	
	5	5		4			1		1
						2		2	
3					5		3		1
2		3	3				3		
	3		2	3	3			2	
3							2		2
		3	1	1		2		2	

Medium (508)

	2		1	1				3	
3		2			3	4			2
			2		2		2		
	5			1					1
	4		3			1	1	1	
2	3		3		3			2	
		2					3		2
2				2	3			2	
	2	2	2	2			3	2	
1		1					1		1

Medium (509)

2	3	3			2		2		1
				3		2			1
			4			1		2	1
	1	1			3		3		1
	2		3						2
1		1			3		2	2	
				3		4			2
	1						2	2	
2	2	1		4		4			2
			2		2	2			1

Medium (510)

	2		2					4	
		2			5				3
	3			3			4		
3			3			3			2
2		4	3		2		3	3	
2				3		2			2
	4						3		1
2			3		2			3	
	2				2			2	3
1				3					

Solution on Page (195)

	3		3	2			2		1
4						1			1
		5			4		4		2
3			3	3					1
	3		2		5		5		3
1			3	2			3		
		2			2	3			3
	1	2	2			2		2	
2				3	2	4			2
	2					2		2	

	2		2	1	3		3		2
2	4	2	3		4		4	3	
	2		3	2	5		3	2	
2	4	3	5		4		2	2	2
	3				4	1	2	2	
2	4		6		3	2	4		3
	3	3		2	2				2
3		2	2	2	3	3	5	4	3
	4	2	2		2		3		
	3		2	1	2	1	3		3

1			3			4		2	1
2			4	4			4		
		2				3			2
	5			2	3			2	
3			4				3		2
		3			3			3	
2					4		2		3
	2								
2		3		6	4	2	1	2	2
								1	

	2	2		2		1			1
3					1	1	1		1
4		4		2			3		
			2			2			1
4	4				2		2		
			2						1
3		2		3		5	4		
	1		3		4		6		
2					4		5		
		1	3				3		

	1			2		2		2	
3		4		3			2		2
			1	2			2		1
		3		2		3		3	
2	3		2		3		1		
		2				2			1
	3		2		2			2	
2		5			1				1
2				3		2	2	2	
	2			3					1

1			4			4	4		2
	4		5						2
3						5			2
		2			4		3	2	
	3			1			3		2
1			2		3		4	3	
		4		2	2				
	2	3			1				2
2			3	2		1		1	
		1					1		1

Solution on Page (195)

Medium (517)

	2		2		2		2		1
1		2		1		2	3		
	3						2		
		2			2	4	5	4	
3	3		2		1				
		2		1		3	5		
2			2	2	1	3		2	
	1	1		2		2		1	
2		3		3		2		2	
		2					2		

Medium (518)

	2	2		2		3			1
			2		3			2	
		5		1		2			1
2			3		3				
	4		5			3	2	2	
		5			5			2	2
2		4			4		2		
	3				3				1
3			4	3			4	4	
					3				

Medium (519)

	2		2			2			
2		2		1				3	3
					2			2	1
2	3	2	2		2	2	2		
		2		2	3				
			3		2			4	3
3					3	3			
	2		3	3				3	3
2			3			2			1
	2			3				1	

Medium (520)

	4		2		2		1	1	
2				1		3			2
	4			3	2	3			
1							2	3	2
		3		3			2		
2	2	1	2		2	3		3	1
					3				
2	4			3				3	3
			3			4	3		2
	2	1			2			2	

Medium (521)

	1	2			2	3		2	
1			2						2
2				3	3		3		2
	2		2			2		3	
2		3		5		3			1
								3	
	1		3			1			
		1		3	2			3	
2		2				2	1	3	2
	2		3		3				

Medium (522)

	2			1	2		2		
	2				3			3	2
1			2			4	2		
1		2		3				2	2
	3				3				2
	2		2				4		4
	2			1		2			
	2			2		1		5	3
2	4	4		4	3		3		1
							2		1

Solution on Pages (195-196)

Medium (523)

	2		2		2	1	1	2	
3	4	2	3	3	4		2	3	
		1	1			3		2	1
3	4	2	2	2	3	3	3	2	1
	4		2	1	1		2		1
		3		1	1	2	3	2	1
4	4	4	3	4	2	3		4	2
		3				3			
		4	3	5	3	4	5		
2	2	2		2		2			3

Medium (524)

		2			2		2	2	2
2			3		3				
	4			3		1		4	4
1		2	2		3				
3				3		2	3		3
		4			4			3	
			4			3		2	
3		3		4		3			2
	2		3		2		2		1
1									1

Medium (525)

		2		1	2		1		
	3		3			2	2		1
1	2	2							1
1			2		4	4		3	
	4			2			4		3
			2			5			
	3	2		3	3		3		2
			2			3	2		1
1	1			3		3			2
		2						2	

Medium (526)

	2					2		2	
2		2		2		2			2
			2	3			1		
2		1						3	2
	3		4		3		2		
2	5				1		2		2
	3			3		2			1
			4				2		2
2				4	2	3		2	
	4								1

Medium (527)

	2		2	1				2	
1		1			2			4	2
1		1		2		3			
	4				2		2		2
3					1			4	
2			4	1		3		7	
	4				2				
		1		2			4		2
2		1				5			1
		2		2		3		2	

Medium (528)

1	2	2	2		1	1		2	1
			3						
2	3			2		3	2		
		1			2				1
	3		1		2	2		1	
2		2			1		2		2
	3			1		2		4	
	2		1						2
2		2		3				3	
	2						3		1

Solution on Page (196)

Medium (529)

	2		2	2		3		3	
	3	2				3			1
2				2		1	1		
2		3		1					
	2			2	2		2		2
2			1			2	3		1
		3		3			2	2	
2	3		2			2	2		
2			3		3				2
		2				2	2		

Medium (530)

	2		2		2				
2			4	2			5		3
	2				4		3		
3		3	4			5			2
				6		4	2		
	6				3		3		2
	3				3		2		
1			3	3			3		2
1			6			2			
							1	2	1

Medium (531)

			3			2		2	
	3		4			2		2	
1	1			2	2	2		2	
	1		2			4		2	
3		2					3		
		3			3			3	
2	3			2	2	3			
	2			2				3	
1		3		3		2	2		
				3		2	2	1	

Medium (532)

	1		2		3		2		
	3		2		4			1	
	2			3	5	4	3	2	
2			4			4			
	2	2			2				
2			5		4			4	
	3				2		2		
2			3		4			2	
2		2			3		3		
	2		2					1	

Medium (533)

		5			3	3		2	
3			4	4			5		
2	4		4	3	3		5	3	
2	4		3	2	2			1	
	4		4	2	2	4	4	2	
1	3		2		2	1	2		
1	3	4	4	3	2	2	1	2	1
1			2		2	3		3	1
1	2	2	2	1	2				

Medium (534)

	1			2		2		3	
1		2			2		3		3
	2		2			1			2
	3		4	3				4	
		2			1		3		
2	4			2					4
	3		3				3	3	
1			2						3
2		3	3		3		3	2	
			1			2		1	

Solution on Page (196)

(91)

Medium (535)

	2		1	1	2		2	
		3					2	3
1		3		3		4		2
2			4					2
	2				1	3		
2		2	3	4		2		3
	2					3		3
		2		4		4		
2			3		4		3	2
	2		2			4		1

Medium (536)

		2			1			1
	4	3	3	3		2	1	
1				4				1
	2			1		3	2	
2		3		1		3		1
2				1	1	3		1
	2	2		2		1		1
			2			2	1	
2			3		4	2		1
	2	1		3				

Medium (537)

1	2	1			2	2		2
			3	4		3		4
2		3			3			
	2			2			5	3
2			1		3	4		2
	1		2			1		2
1				2	3			1
1	1		2			3		2
			2		2		4	
	1	2		2			3	1

Medium (538)

	3				2	2		2
		2		3		2	4	2
2			1				3	
	2	2			3	4	3	
			4				2	1
3				4		6	2	
3			3	4			2	1
	3			2		3		1
2		2		2			2	2
					1	2		

Medium (539)

	2		1	1	2			2
	2			2	3	3	3	
1	2			2		2		3
	1		2			4		
2				2				3
	2		4		2		3	
1		1		3		3		
	2			2	3			1
	3		4		3		3	2
	3			2			1	

Medium (540)

	3		2		1		2	1
	4		4	2		1	2	
	2		2		2		2	1
1		3		2				
			2		3	3		1
2		4					2	
	2		2	1	3		3	
1							2	2
		1	3		4	2	2	2
	3			2			2	

Solution on Page (196)

Medium (541)

C1	C2	C3	C4	C5	C6	C7	C8	C9
			2		2		2	1
	4	2		3		3		2
				2		2	3	
	3			3		2		
1			3			2	3	2
1			3			1		
	3	3		3		2		2
3			2			5	3	1
	3							2
2		2	1	2			2	2

Medium (542)

C1	C2	C3	C4	C5	C6	C7	C8	C9
	2		2		1		2	2
1				3		2	4	
	3							2
1		3		3		2		
			1				3	2
	4					5	4	
2			2		4			2
	2	2					5	3
2		3		4	4			1
	2					2	2	1

Medium (543)

C1	C2	C3	C4	C5	C6	C7	C8	C9
	2		2	2		2		
1		3			2		3	6
	2		5					
1		4			3	3		4
	3			3			2	1
		2		2			2	1
	3		2			2		
		4					1	2
1	2				3	1		2
	2	1		2				1

Medium (544)

C1	C2	C3	C4	C5	C6	C7	C8	C9
1		2			3	2		2
	3		5			4	4	
	4	2			3			2
3				2		4		4
			1					2
3	4	2				3	2	1
				1				2
2	3	2	2			1	2	1
	1				1		2	
				1				1

Medium (545)

C1	C2	C3	C4	C5	C6	C7	C8	C9
1		2		4	3	3		
	1					5		2
1		1		4	5			1
	1						4	
1			3			3		2
	3			5			4	4
		4				4		1
3				4			3	1
	2	2	2			3		1
				4		2		

Medium (546)

C1	C2	C3	C4	C5	C6	C7	C8	C9
		2	4			3	2	
2							2	2
	2			5		2	2	
3		2			3		3	2
	3		2			3		2
2				3		3	2	
	2		2				2	2
2					3	3		
	2	1				1	2	1

Solution on Page (197)

(93)

Medium (547)

	3		2		2	3	3	
		2	3					2
2	3		2			3	3	
	3	3	3			1		2
4				2	2	3	3	
		5	3			4	4	
	4			2		3		
	3		2			3	3	3
1		2		1	1		2	
					2			1

Medium (548)

	2		2			1	2	1
2				3		3		2
	2			3			5	2
4			4		6		4	
		5						4
3	5			3	4			2
	3		3				2	
1			2			2		2
1		2		2		2		2
			1		1		2	1

Medium (549)

	1				3		3	
1	2	2			4			4
	2		3			2		2
		1				2		
2		2	2		1		3	4
	4			3				5
	4		5					
2		2		5		6		3
	2		4			3		4
1				3			3	

Medium (550)

	1					2		3
2		1	1				4	2
	4			2			3	2
3					1		2	
2		5		3				2
2			3	3				1
	2		3		3	2		2
1		3		3		1		
	3		3			2		2
		2			1		1	2

Medium (551)

2			2			3	4	
3		3		3				
	3		2			3		2
1			2		2		1	1
		2		2			2	
	3		2				2	1
	3	2		4		3	2	1
2					2		3	2
		2			3		6	3
		2			1	1		2

Medium (552)

			2		3	3		1
		5			1			1
		6		3	4		4	
		5		2			5	2
3				3	4			3
	3					5		3
1			3	4		5		3
1		2			4		4	
	2	3	4		4		2	
			2			2		1

Solution on Page (197)

Medium (553)

			3		1		1	1
	6			2		2		1
2		3	3		2		4	2
	1					4		2
				2		3		3
2			2	2		3	4	
	3	4			2			
2		3		3		2	3	2
2		3		2			2	
	2				2			1

Medium (554)

2			1		1		2	
2		4		1			4	2
	4		4		2		3	
1			4		1	2		2
	4			3			2	
1		4		2			2	2
	3							2
	2				1			
2		4			5	3	4	2
	2							

Medium (555)

1	2		2		1		1	
2		3		3		2		2
2		3			3		2	
	4		3			1	1	1
	4			2			2	
2	4			4	4			
	4		3			3	2	
2				2	3	2		1
		3		1		2		
	1	1	1		2		2	2

Medium (556)

		4	3		2		2		
5				2	2	1	3	3	3
		6	3	2	1	1	2		1
4		5		2	3		4	2	1
3			3	3				2	1
2		5		4	3	5	3	4	
2	2	5		6		3		3	
2		4				3	1	2	1
	3		3	4	3	2	1	1	1
1	2	1	1	1		1	1		1

Medium (557)

	2	1		3		3		2
3			2			4	3	2
	4			4		3		1
					5		2	
			4				2	1
	3			3		3		2
2	3		2		3		3	2
	3	2			2			3
2	3		3		3	2		2
	2				2			1

Medium (558)

3		4	3		3	3	2	2	
				4				4	2
4		5		5	4	6		6	
	3	3	3				3		
1	2		2	3	4	5	5		
2	3	2	1	1				4	3
	1	1	2	3	4	3	4		
3	4	2	3		3	2		3	
	3		4			2	2	3	2
1	3		3	2	2	1	1		1

Solution on Page (197)

Medium (559)

1				3		3		2	1
1	3	4	3	3		4	2	3	
1	2		1	2	2	4		3	1
2		3	1	2		5		4	2
2		4	2	4			5		
2	4			3				5	
	5		3	3	3	4	2	3	
		4	4	3		2	1	2	1
3	5				4	3		2	1
	3		5			2	1	2	

Medium (560)

1		2			3			1	1
2			1	1			4		1
		2				3		3	
		2		1	1		2		
2			1			3		5	3
3		4			3				
	4			3					2
		4				5		3	
3	4			5	5		5		
	2							4	

Medium (561)

1	1		1				3		1
		1		1				1	1
2	3	2	2		2	2			1
				1			1	1	
	4		2		3	2			2
	3	1				2			2
2				3	4		2		
	2	1						4	
3		2		4	3				3
						2	2		

Medium (562)

2	3			3			1	1	1
		5		3		2			2
4		4			2		3	3	
	3			2		4			2
			2	4	2				1
2		1					3		1
	1			4	2	3			
		3						5	
1	2			4	3		3		
		2				2		2	

Medium (563)

	2	2		3			2		
3			2			4			3
		3						3	2
	3		1		2		3	4	
		3	4	2			2		
	3					3			
		7			4			3	2
2					4		5	3	
	4	5	4		3				2
				1				2	

Medium (564)

1	3			3	2	3		2	
						5			3
	3	4		3					
1					2	3			2
	4		5	3				1	
	3				5		3		
2		3		5					2
2							4	2	
	3		2	4	4				3
2						3	3		

Solution on Pages (197-198)

Medium (565)

1	2	3	4	5	6	7	8	9
			1		1			1
4	5	3		3		3	2	
			4			4		
		4			6			2
	4	4		4		5		1
			3		4		5	2
2			4					1
	2					5	3	
2		2	4	3		5	4	
				3				

Medium (566)

1	2	3	4	5	6	7	8	9
	3			1			2	2
		2		2	1	2		
2		2		2			3	
2				1				1
	3	3		2		3	2	
		5		2	2		4	1
				4				
3	5		4			2		1
	3			3			3	3
	3		2		2		2	

Medium (567)

1	2	3	4	5	6	7	8	9
	3		2			2		1
		4			2		3	
	5		2			2		2
3		3		1		2		3
	3				1			3
2		3		1		2	4	2
			4		2			1
2	5		4			3	2	
3			3		2	2		2
						3		2

Medium (568)

1	2	3	4	5	6	7	8	9
2			2		3		2	1
3		4		2				2
	4				3		3	2
		4			2			
	5			2		2		2
		4	3		1		2	
3	4			1	1	2		1
		3			1		1	1
3	4	4	3			2		
			2		2		1	1

Medium (569)

1	2	3	4	5	6	7	8	9
	2			2		1		2
2		2			3			2
			2	2		3		1
2			2		2	3	4	3
	2			2				
2		1			3	4	4	
							2	1
2		1		1			3	
	2		3		1	2		2
			2				3	

Medium (570)

1	2	3	4	5	6	7	8	9
		3		2		3		
	3			1			5	
1		4		3		3	4	2
	1		3		4		4	
	1	2		4		3		
3			3			3	3	5
			2	2	2			
		2					4	2
2	2			3	2	4		1
		1						1

Solution on Page (198)

Medium (571)

1		2	2		1	1	2		1
	2					2			2
1				3	1				2
	2		2	4		4	3		2
								3	
2	2	2		2	2	3	2		
1			1	1				2	1
								3	
1	2	3	3	3		4			1
					1	1			1

Medium (572)

		3			3			2	
3			3			2			1
	3			4				1	
		2		2		2	2		1
	3	3			2				
1			3		2		2	2	
2				2		3			2
		4			2		2		1
2		3	1	2	2		4		3
1					2				

Medium (573)

		1				1		2	1
	2		3	4	3		2		
1		2		3					2
	3		3				3		1
	2			3		3		3	
1				2		2			1
1		1		3		1	1		1
		3						2	
2			4	3		3			2
	2				2			4	

Medium (574)

1		2	1		1			2	1
2				4					1
	2				3		4	5	
2	3					1			
		2		4			5		4
2		2			3			3	
	2		2	1					1
2		2				2	2		1
	3		4			2		2	
			4		3				1

Medium (575)

1	1				3			1	
2				3					2
2			3		3		3		2
		4		6		4		4	
		4					3		
4			2			6			2
3				3		5		3	
		2		3	3			3	2
	3		3		4		4		2
1	2								2

Medium (576)

1			2			2		3	
	4	2				3			2
			3		4			2	
2		2		4		4	2		2
1	1		1					3	
		2				2		2	
3							2		2
3		4	3	2		3		3	
	3			2		1	2		2
						2			1

Solution on Page (198)

Medium (577)

1	2	3	4	5	6	7	8	9
	3		2		2		2	2
		2	4		3			3
	3	1			3	1	2	
					4		2	2
2	2		2	3		3		2
					4		4	5
2		3	2			3		
	3				2		2	3
	3					2	2	2
	2	1			1			1

Medium (578)

1	2	3	4	5	6	7	8	9
2		4		2				1
3		3		2				2
2			2		1	2		
3		3		3		4		3
	4							3
		3		5	4	3	3	
	4	3	4					2
2			4		4	3		1
	2	4		4			4	
	1			3			3	

Medium (579)

1	2	3	4	5	6	7	8	9
	1	1		2		3		
1	1	1	1	3	3	5		5
1	2	1	1	1			5	
	4		3	2	4		5	6
3			3		3	3		
3		5	3	2	3		5	3
3		5		2	3	5	3	2
3		4		2	3		2	
	3	4	2	3	3	4	3	2
2		2		2		2	2	1

Medium (580)

1	2	3	4	5	6	7	8	9
1	2		3	3		3		
		3			3		5	
1		3			3			2
1			2	2		2		2
	2	2			2		2	2
2		3		4		2		1
					4		3	2
2	3	3	4			2	2	
			4			2	4	2
1	3		3					1

Medium (581)

1	2	3	4	5	6	7	8	9
	2		2		3			1
2		1		2		3	3	
		1				3	1	3
	2			3			3	
2		4			2			3
					2			3
2			2	3			3	
1		2				1	1	2
2			4		2		2	
	3			2		2	1	1

Medium (582)

1	2	3	4	5	6	7	8	9
	2		4		3		2	1
1		2				2		1
	1			4			2	
2			3		2		2	2
3						4		
	6		5		5		6	3
		3						2
	3			4		3		
2	2			1		2	2	2
		2	1				2	1

Solution on Pages (198-199)

Medium (583)

1	2		2					2	1
		2		1		3		3	
	2			1	2				2
1				1		6			
		3	1	2				4	2
3					2		3		2
	2	3			2		3		
2									3
			3		3	3	3	4	2
	2	1	2	2					

Medium (584)

	3		5		3	3		3	
2	4				3			3	1
	4	5		3	2	2	3	2	1
3			2	2	2	2	3		2
	3	3	2	2				6	3
1	1	1			4	6			2
1	1	2	3				5	3	2
2		1	2		5	3	3		1
	3	2	3	2	4		4	2	2
1	2		2		3		3		1

Medium (585)

2			2	1	1	1	2	2	1
2		3	3		3	2			3
2	3	4	5			4	5		
2					4			3	2
3		5	4	4	4	4	4	3	2
	2	2		2			3		
1	1	2	2	4	4	4	5		5
1	2	4		3			4		
1				3	3		3	3	3
1	3			3	1	1	1	1	1

Medium (586)

	2		1		2		1		
1				2			2		2
	1	2		3	5			2	
			3						
2	3			5		5	2		1
3			4					1	
		4			4	5	3		1
3			2						2
2		2			4	2	3		1
	2		2					1	

Medium (587)

1		2	2			2		1	1
	4						3		1
			1			3		3	
3		3			2		1		
1			3			2			2
	3			4			2	2	
		1		4				4	
	2	1	3		4	3			2
2		2			3			3	
			2				2		1

Medium (588)

1	2		2				3	1	1
		2		1					2
	5			2	1	1		2	
							1		2
3	5		4		3			2	
		3				3			2
2	4	2			2			2	3
	3				1			2	1
		2	2		2	3		3	
	3								

Medium (589)

<table>
<tr><td></td><td>2</td><td></td><td>2</td><td></td><td></td><td>1</td><td></td><td></td><td>2</td></tr>
<tr><td>2</td><td></td><td></td><td>3</td><td></td><td>2</td><td></td><td>6</td><td></td><td>4</td></tr>
<tr><td></td><td>1</td><td></td><td></td><td>2</td><td></td><td></td><td></td><td></td><td></td></tr>
<tr><td>2</td><td></td><td>3</td><td></td><td></td><td></td><td></td><td>5</td><td></td><td>3</td></tr>
<tr><td></td><td>2</td><td></td><td></td><td></td><td>3</td><td>1</td><td></td><td>2</td><td></td></tr>
<tr><td>2</td><td></td><td></td><td></td><td></td><td></td><td>3</td><td>2</td><td></td><td>2</td></tr>
<tr><td></td><td></td><td>2</td><td></td><td>2</td><td></td><td></td><td></td><td></td><td></td></tr>
<tr><td>2</td><td></td><td></td><td>3</td><td></td><td>2</td><td></td><td>2</td><td></td><td>2</td></tr>
<tr><td></td><td>2</td><td></td><td></td><td></td><td></td><td>1</td><td></td><td></td><td>1</td></tr>
<tr><td></td><td></td><td></td><td>3</td><td>2</td><td>2</td><td></td><td>1</td><td></td><td></td></tr>
</table>

Medium (590)

<table>
<tr><td></td><td></td><td></td><td>2</td><td></td><td>2</td><td></td><td>3</td><td></td><td>2</td></tr>
<tr><td>4</td><td>5</td><td>4</td><td>3</td><td>3</td><td>3</td><td>2</td><td>3</td><td></td><td>2</td></tr>
<tr><td></td><td></td><td>2</td><td></td><td>2</td><td></td><td>2</td><td>2</td><td>2</td><td>2</td></tr>
<tr><td>2</td><td>2</td><td>2</td><td>1</td><td>3</td><td>3</td><td></td><td>1</td><td>1</td><td></td></tr>
<tr><td>1</td><td>1</td><td>2</td><td>2</td><td>3</td><td></td><td>3</td><td>2</td><td>3</td><td>2</td></tr>
<tr><td>1</td><td></td><td>3</td><td></td><td></td><td>3</td><td>3</td><td></td><td>2</td><td></td></tr>
<tr><td>3</td><td>5</td><td></td><td>4</td><td>4</td><td></td><td>5</td><td>3</td><td>4</td><td>2</td></tr>
<tr><td></td><td></td><td></td><td>3</td><td>2</td><td></td><td></td><td></td><td>4</td><td></td></tr>
<tr><td>4</td><td></td><td></td><td>2</td><td>2</td><td>4</td><td>5</td><td>5</td><td></td><td></td></tr>
<tr><td>2</td><td></td><td>3</td><td>1</td><td>1</td><td></td><td></td><td>3</td><td></td><td>3</td></tr>
</table>

Medium (591)

<table>
<tr><td>1</td><td></td><td>1</td><td></td><td>2</td><td></td><td>3</td><td></td><td></td><td></td></tr>
<tr><td></td><td>3</td><td></td><td>2</td><td>2</td><td>2</td><td></td><td></td><td>4</td><td>2</td></tr>
<tr><td>2</td><td></td><td></td><td></td><td>2</td><td></td><td></td><td>3</td><td></td><td>1</td></tr>
<tr><td>2</td><td></td><td>3</td><td></td><td></td><td></td><td></td><td>2</td><td></td><td>1</td></tr>
<tr><td></td><td>2</td><td></td><td>3</td><td></td><td>3</td><td>2</td><td></td><td></td><td>2</td></tr>
<tr><td>2</td><td></td><td></td><td></td><td>1</td><td></td><td></td><td>2</td><td></td><td></td></tr>
<tr><td></td><td></td><td></td><td>1</td><td></td><td></td><td>2</td><td></td><td></td><td>2</td></tr>
<tr><td></td><td>2</td><td>1</td><td></td><td>2</td><td></td><td></td><td>1</td><td></td><td>1</td></tr>
<tr><td>1</td><td>1</td><td>1</td><td>3</td><td></td><td>5</td><td></td><td></td><td>2</td><td></td></tr>
<tr><td></td><td></td><td></td><td></td><td></td><td></td><td></td><td>2</td><td></td><td>1</td></tr>
</table>

Medium (592)

<table>
<tr><td>1</td><td>3</td><td></td><td></td><td>2</td><td></td><td>2</td><td></td><td>2</td><td></td></tr>
<tr><td></td><td>4</td><td></td><td>3</td><td>2</td><td>1</td><td>3</td><td>2</td><td>3</td><td>1</td></tr>
<tr><td></td><td>4</td><td>2</td><td>2</td><td>1</td><td>1</td><td>3</td><td></td><td>3</td><td>1</td></tr>
<tr><td>2</td><td>3</td><td></td><td>1</td><td>1</td><td></td><td>3</td><td></td><td>3</td><td></td></tr>
<tr><td></td><td>3</td><td>2</td><td>2</td><td>1</td><td>1</td><td>3</td><td>3</td><td>5</td><td>3</td></tr>
<tr><td>2</td><td>3</td><td></td><td>2</td><td>1</td><td>1</td><td>2</td><td></td><td></td><td></td></tr>
<tr><td>2</td><td></td><td>4</td><td></td><td>1</td><td>1</td><td></td><td>4</td><td>5</td><td></td></tr>
<tr><td>2</td><td></td><td>4</td><td>3</td><td>4</td><td>4</td><td>3</td><td>4</td><td></td><td>4</td></tr>
<tr><td>2</td><td>3</td><td>3</td><td></td><td></td><td></td><td></td><td>5</td><td></td><td></td></tr>
<tr><td></td><td>2</td><td></td><td>3</td><td>3</td><td>4</td><td></td><td>4</td><td></td><td>3</td></tr>
</table>

Medium (593)

<table>
<tr><td></td><td>2</td><td></td><td></td><td></td><td>1</td><td></td><td></td><td>2</td><td></td></tr>
<tr><td>2</td><td></td><td>3</td><td>5</td><td></td><td></td><td>1</td><td></td><td></td><td>1</td></tr>
<tr><td></td><td></td><td></td><td>2</td><td></td><td></td><td>2</td><td>3</td><td></td><td></td></tr>
<tr><td>1</td><td></td><td></td><td>3</td><td>1</td><td></td><td></td><td></td><td></td><td>1</td></tr>
<tr><td></td><td>2</td><td></td><td></td><td>1</td><td>4</td><td></td><td>5</td><td>2</td><td>2</td></tr>
<tr><td>1</td><td></td><td>4</td><td>3</td><td></td><td></td><td></td><td></td><td></td><td>1</td></tr>
<tr><td>2</td><td>4</td><td></td><td></td><td></td><td>3</td><td></td><td>3</td><td></td><td>2</td></tr>
<tr><td></td><td></td><td></td><td>4</td><td></td><td></td><td>2</td><td></td><td>2</td><td></td></tr>
<tr><td>3</td><td>4</td><td>5</td><td></td><td>3</td><td></td><td></td><td>3</td><td>4</td><td>2</td></tr>
<tr><td></td><td></td><td></td><td></td><td></td><td>1</td><td></td><td></td><td></td><td></td></tr>
</table>

Medium (594)

<table>
<tr><td></td><td></td><td>1</td><td>2</td><td></td><td></td><td>3</td><td></td><td>3</td><td></td></tr>
<tr><td>2</td><td></td><td></td><td></td><td></td><td>2</td><td></td><td></td><td></td><td>2</td></tr>
<tr><td></td><td>4</td><td></td><td></td><td>2</td><td></td><td>3</td><td></td><td></td><td>1</td></tr>
<tr><td>2</td><td></td><td></td><td>4</td><td></td><td>3</td><td></td><td></td><td></td><td>2</td></tr>
<tr><td></td><td>2</td><td></td><td></td><td></td><td></td><td></td><td>1</td><td>2</td><td></td></tr>
<tr><td>2</td><td>3</td><td></td><td>2</td><td></td><td></td><td>5</td><td></td><td></td><td>2</td></tr>
<tr><td></td><td>1</td><td>1</td><td>2</td><td></td><td></td><td>2</td><td></td><td></td><td></td></tr>
<tr><td>2</td><td></td><td></td><td></td><td></td><td>3</td><td></td><td></td><td></td><td>2</td></tr>
<tr><td></td><td>3</td><td></td><td>3</td><td></td><td></td><td></td><td>4</td><td></td><td>2</td></tr>
<tr><td>1</td><td></td><td></td><td></td><td>1</td><td>3</td><td></td><td></td><td></td><td>2</td></tr>
</table>

Solution on Page (199)

Medium (595)

	2	1			1		2	
1				1	2		2	1
1			3		2			1
		3			3	2		2
1				3		2	2	
	3		4	2		2		3
		1			2		2	
	2						3	3
1		3			3		2	2
1			4		3			1

Medium (596)

1	2			2		2		2
			4	2				2
	2	2		2		2	1	
		2	2				5	
	5		2		2			2
		3			3	4		2
3	4	3		4				2
		4			3	2	4	3
3	5				2			3
		2			2	1	2	

Medium (597)

					4	3		2
3		5	5				3	2
	5				4		4	3
2				1	3			3
	5					4		3
2					2			
	3		3		2		3	3
2				1		3	2	
3			2			2		3
		4			1		1	1

Medium (598)

2		4		4	2	3		3
	5							1
	4		5			3		1
	3		4		2			2
1			4				3	2
	4		5		5		1	
	5					2	2	1
			4		4			1
4		2				2		
	2		1	1			2	

Medium (599)

	2		2		2			1
3				2		3		2
		2		1		1		1
	3			2			4	1
2			2		5		2	
	2			3		5		2
	2		4		6			2
1		3				2		1
	3			5	4		2	1
		3			2		1	

Medium (600)

		1			2	1	2	2
	3		2				2	3
3		4	3	3		3		
3					2			1
	4			5			3	3
3			3			3		
3			3		3		5	
	2		2		2		2	
3		1	2			2	1	2
								1

Solution on Page (199)

(102)

Medium (601)

		1	1		2	1			1
	2						4	3	
1					3	4			1
	2			2			5		2
2			2				4		1
		3		1			6		2
2			2						2
2		3			4		7		3
2	2	3	4		5		6		2

Medium (602)

	1				1		3		1
3			1	1				3	2
		3		1		3		3	
	5		2				3		
3		3		4		4			2
	2		3		3			4	
			5				4		2
2			4					3	
	4			3			4		
1					2	2		2	

Medium (603)

2			2		3	2		2	
2		2					2		1
1				3				2	
1		1			3	4			1
	2			2		2			1
1			4				2		1
		4				1			1
	3			3	2		4	3	
	3			2					1
1	2				2		2	1	

Medium (604)

1		2		2			1	1	1
1			2		3	2			
2							2		2
	2	2	1		2				1
3					3		5	3	2
	3		3	2					
2								3	1
	3		4		3	2	3		
2			2	2		2			1
	2	1						1	

Medium (605)

2	2				3		2		
	3				5				2
2				4					2
	3		5		3		5		
		5				3	4	5	
2		5					4		3
	4		5				4		3
2							3		1
4			4	3			3	2	
		3		1		1			1

Medium (606)

1					2		1		
	3	3		1				2	2
2					2	1			1
	3	1			2		2		2
	3			2		1	1		
3			1		1				2
2		4		4		2			2
	3					3	3		
		4	4	5				3	
	1						1		1

Solution on Page (200)

(103)

Medium (607)

	1		1			1		1
2				3			1	1
	2		3			2	1	
2			2		2	1		1
	2		3	3			3	2
2	2	1						2
	3				5	4	3	
		4		5			2	1
3	3	4		4		3	2	2
				1				1

Medium (608)

	3		2		2		2	1
	5	2		2		1		3
			2		2	3		
1		2		4			5	
1			2			5		3
	3	2				3		2
	2				2		3	2
2			2		2			
	2			3	3	3	3	2
1		1			2			1

Medium (609)

1			2		2		2	3
2			4			1		
	2		2		2		3	3
3		2			5	4		1
			2				3	2
2	2			4		3		2
			1		2		4	
1		2			2		4	
	2			2				2
	1		1		1	2	1	

Medium (610)

	2		1			2		2
2		3		2		3	2	1
2			3		2		2	
	5		4			3		
3				1	2			2
		3		1		4	4	
	4			2		2	5	3
	3	2	3			2	3	
2		3			3	2	3	3

Medium (611)

	2	2			2		1	1
3			4	3				
		2			3		3	2
	3		2			3		2
1					2		1	
		3		1		1		2
1			3	2		1	2	
1						1	3	2
	3	2	3		2	3		3
	2	1						

Medium (612)

	2	2	2		2			1
2		3		3		2	2	
			3			2		1
				3		2		1
2	3	1	2		3		2	
				2	3	3		2
3	5	3				2		
			2	3		3		2
3	4				2	4	3	
		1		2			2	1

Solution on Page (200)

Medium (613)

1	1		2			1		1
		3			2		2	
1			3		3		2	2
	3	3			2	3		1
		3				2		2
	3	3		4				1
2		2	2			3	3	
			3	4		3	2	1
2	2					2		3
		1			1			1

Medium (614)

		2			4		4	3
	4			4				2
2		3		4				2
			5			1	1	2
3	4	3					2	
			3					
3				2		3	1	1
	2			2		2		2
2	3	2				3	4	4
	2		2			1		2

Medium (615)

2	2			4	3	3		1
		3					3	
	3		3		5		2	
2		5				2		2
3				3			1	2
3		6			2		2	
			3			3		2
2		4		4			2	
2		4					2	
2			3			3	2	1

Medium (616)

	3		2		2		3	3
		1		4				
	2		2		3		4	3
1			2			5		2
	2			1				3
2		4		3			5	
	5			1				
	6		4		2		6	4
2		5						
1		3	2			2	4	

Medium (617)

	3		2		2		3	
	3	1		1		5		4
	3		2			3		4
2						3		
	3	4		4		5		2
2		3		3			2	1
				3		4		1
	6		6		3		2	
	4			5	5		3	
1					2			

Medium (618)

	2				3	2	2	1
2		6				3		1
			3			4		1
		3		3			3	
	2		2		5		4	
1		2		2				
				2		2	4	3
	4		5			3		
2					4		5	3
	2			1			2	

Solution on Page (200)

Medium (619)

		1			2			2	
	3		4	2			2		3
1						1		3	
		3	4		5		3		2
2		2				5		4	
	3			3	4			4	
			3			4			
2		3	5				3	3	
2					4				2
	3	2			2	1	1		

Medium (620)

1			2	2		2		2	
	2				3				2
2			3	4			3		
		3			5			4	2
1	2				4			3	
1		4		5		2			1
1				3		3			
	2		1	2					1
	2		1			4	4		2
1					1		2		

Medium (621)

	3		4		2	1	1		
2				4					2
	2				2			1	
2		4			2		3		
	3			3			4		3
2				4	4		6		3
	4		4			3			
2		2			5		6		3
2	2	3							2
					3	3		2	

Medium (622)

1	1				1	1			
		2	1		2	3		4	
2		3			2		3		2
2			2			2			1
	3		2	2				4	
	2		3					2	
	2		3	2		2			1
		1			2				1
2		1		2	3				2
	1			2			2		2

Medium (623)

	2				3		2		1
	3	3	3	4			2		1
2						3		1	1
		4		2	1		1		
2			3			2			2
	4			4			3		2
3			3			4		2	
4		4		3	3				2
			2				1		2
	4	3				1		2	

Medium (624)

	2		2	2	2	3	4		3
1	2	2		2					
1	2	3	3	4	3	4	5		
	2			3		1	2		4
2	4	5		3	1	1	1	3	
1			4	2	1	1	2	4	
2	4		3		2	2			3
3		3	2	1	3		5		2
	4	2	2	4		5	3	2	
3		3			3			2	

Solution on Pages (200-201)

Medium (625)

	2	2		1	1		1	
3			2				2	2
	3			4		2		2
		4			3		4	
2				4				4
	1		2				3	
	1			3		1	3	3
1				5			2	2
2					5		3	3
		2	4				2	

Medium (626)

	2		2			4	2	1
		4				4	4	
2				2		4		
	5		5	2		3		
2			3		1			3
2			3		3			1
	3	2				1		1
3			2		3	2		
	3	3		2				
	2			1			2	2

Medium (627)

2					3	2		1
	4	5	5				3	3
2				3	3	5		3
		3						2
2	3				4		3	
	2			3			3	2
	2			4		4		3
2		3	2					
	3		1		1	2	3	3
1		1			1			1

Medium (628)

	2	1		2		1	1	1
2			3	2		3		
	4			3				
2				3	2	5		4
	5			2		2		4
3			3		3	4		
		4		3		2	3	3
	2		3	4		4		
1						3	3	2
	1	1	1			2	2	

Medium (629)

	3	2		2		1	3	
		2		2				3
2		2		2		2		2
1					2		2	
				2			3	
	4	2	4					
					4	6		3
1			4		3		2	
1		2		2	5			1
	2			1			2	

Medium (630)

	2	1	1		2		2	
	3			2		5	4	2
1							2	
1		4	3			3	3	1
2				1	1			1
	1	2					3	
				2		2	4	
		3			2	2		
2	3		3		2	2		2
		3		2			1	1

Solution on Page (201)

Medium (631)

	3		3	1	2		3		2
2	5		6		4	2	4		3
	4					3	3		3
	3	2	3	5		5		4	
1	2	2	2	3		5		4	1
2	3			3	1	3		4	2
		5		2	1	2	3		
4		4	3	2	2		3	4	4
	4		2		3	2	4		
2		2	2	1	2		3		3

Medium (632)

	2	3		3		2			
1	2		4					3	2
	3			2					
	2		2	1	2	3			2
	1			3		3			1
1			3					3	
	1		2		2				
1		3		3				3	3
	4		4			3	3		1
	3			3	3				1

Medium (633)

1	1	2			2		1	1	
1		2	2	3	2	2	2	3	2
1	1	1	1		2	2		2	1
1	1	2	3	4		2	1	2	
1		3			3	2	2	4	3
1	3		5		2	2			
1	3		5	4	3	4			4
3		5				5			3
			4	4	4			5	
3		3	2		2	2	2	3	

Medium (634)

	3		2			1	2		2
3		5		3			2		2
2			4			2			2
3		4		3	4			2	
		2			4			3	2
	4					4		3	
2			2	2	2			3	
1							2		
1		3	4		2			3	2
	2				1		3		1

Medium (635)

1	2		3		3		2		1
			3		4		3	2	
2		2	3	2			1	1	
	2				2	1			3
2		2	4	3		2	4		
	1				3				
1					3	3		5	3
1			3	3			2		
	3	2							2
		2		1	1	1			1

Medium (636)

1		2			2	2		1	
1		3					2	3	3
	2		3	3	3	2			
1		2			2				2
	2			2			2	2	
2			2			2		2	
2		2			2				2
	3		2		1				1
2					2		4	4	2
	3				2		2		2

Solution on Page (201)

Medium (637)

1	3		2			3		2	
	4			3			1		
2					2		1	1	
	3						1		1
1		2	3	3	3			2	
	3		2				2		1
				2	3			3	
3			2			1		2	
	2		3	4		3	2		2
	2	1						2	

Medium (638)

		2		1		2		3	
3	5				2				2
			5			1	1		
2		2		3				2	2
	1					2			1
2		2		4		2	1		1
				5				1	1
	2		3						1
1		2	3			5			2
		2		4			2	2	

Medium (639)

	2		2			3			3
1	2	1	3	4	5		5		
1	2	1	2			3	3		3
	4		4	5		3	1	1	1
2			4			3	2	1	1
2	3	3		4	5		3		1
	1	2	3	5			3	1	1
2	2	2				4	3	2	2
2		4	3	4	4		3		
2		3		1	2		3	2	2

Medium (640)

2	2	2		2		2		3	
			3	3	3				2
3			4					2	
	4			4	3		2		1
2	4			3				2	
		3		3		2			1
2			2		2			3	
	2	1		2		2	3		
2	3			1			2		3
	2		1						1

Medium (641)

		1	2		2		2		1
	3			4				2	
3		5				2			1
				7	4		2		3
3	3	3			1				
			3		2			3	3
	2				2	2			
2		2		2	1				1
			3			3	4	2	
1	2				2				1

Medium (642)

2	3	3	2	2		1	1	1	1
				3	2	2	1		2
5			3	2		1	2	4	
		3	1	2	3	3	3		
	4	2	1	1			4		3
2	3		2	2	4		4	2	2
	4	3	5		4	3	3		2
	3					4		4	
3	5	5	6	6		4		4	2
					2	2	2		1

Solution on Pages (201-202)

Medium (643)

1	2	3	4	5	6	7	8	9
	2			3		2	2	1
	5	3	4		3		4	
					4		5	
	5		6					
1		2			4			3
				4		2		2
2		1	1		3		3	2
	3							2
	4			2	3	3	3	3
		2	1					

Medium (644)

1	2	3	4	5	6	7	8	9
		2		2			2	
2			4	2		3		1
	4				2		2	1
	3		4				3	
2				1	2	3	4	
		4	2	1		2		
2			1		2	2	2	2
	2			3		2		2
2		3	2				2	2
		2			1	1		1

Medium (645)

1	2	3	4	5	6	7	8	9
	1			1	1		2	1
2		2			2		2	
	2		2		1			2
2			3		1	1		
	2	1		2			2	1
			3					1
	2	2	3		2	2	4	
1			2			1	3	
2		5		2				3
2				1	1	1	2	1

Medium (646)

1	2	3	4	5	6	7	8	9
		1	2			1	2	
1				2	4		5	
	2			2		4		
1			3			4		
2				5		3	2	2
	3	4			2			1
			2			2		
		1			2		2	1
2	2		2			5		3
		1			2	3		1

Medium (647)

1	2	3	4	5	6	7	8	9
	2		2		2	2		2
		3				3		1
1					2		3	1
	5		5		3		4	
2				4				3
			3			1	4	
1		1			3			
	2		1	1		3		5
1	2			2			3	4
		2			2			2

Medium (648)

1	2	3	4	5	6	7	8	9
		3		1	2		2	
3		4		4		3	5	3
2		3			4			
	1		2				4	3
1		1	1		4	2		
	2							3
	4			4	3		3	2
			3		2			2
3		3		1		2	3	
	1		2		2			1

Solution on Page (202)

Medium (649)

		3	2			1	1	2	2
3	4			2					
		2			2	3		6	
3	4		1	1			4		
					3	4			2
	5	3			2		2	2	
2		2	2		2				2
				1	1	2			3
2	3	3			2				2
				2			2	2	

Medium (650)

	2	2		2			2		2
3				4		3			2
4		4		2				2	
			3		1				1
	4			2			1		
1			6			4			2
	3							3	
	3	5			6	4	4		2
1							4		3
		3	4			2			2

Medium (651)

		1	2		2		1	1	1
3	5			1		1			
				3				2	2
		2					3		3
	1		2			2	3		
2				2	1		2	3	3
	1				2		1		
2		2		2		3			2
	2			2		3		2	
1				1		2		2	1

Medium (652)

		3				1		1	1
	4		5	6	5		2		2
2	3					2			
	2	3			5			2	2
2				4		3			2
			3		4				
		4	3				3		
2			3	3		3			1
2			3				2	2	
	2				1	1			1

Medium (653)

	3		3		2			2	
2				2	3		1		
	3	2		2		1			2
2									2
	3				2		4		3
	2			3		1			3
1		2	3		1			3	
	4			3		3			1
	2					4		3	
	2		2		4		2		

Medium (654)

	1		1			3		2	
1		3		5		3		2	1
	3				3			1	
		4		4		3	2		
3		4		3					
	4		3		3		2		
3				2		2			1
		2			3				2
2	3	4		2		2		2	
		2	2			1			1

Solution on Page (202)

Medium (655)

1	2	3	4	5	6	7	8	9
	3		2		3			2
	4		4		5		4	
2	3				4		6	2
		5		3				2
2						4	6	3
1		4			3			2
			2		2		5	
2		6				3		1
4				4	3		4	2
			3					1

Medium (656)

1	2	3	4	5	6	7	8	9
1		1				1	2	
2	2	1			3			1
			3	3		2	2	
	3				3	1		1
3			3			2		2
	3		3			2		1
3	3		2	3			3	3
3		3		2		2		
	4						2	3
	2			2	1		2	

Medium (657)

1	2	3	4	5	6	7	8	9
1			2		2	2		1
	3	1						1
	3		3	4		6		2
1							2	
2			4				3	
			2	4	3	1		2
2	2	3				2	3	
		3		4		3		1
2				3			3	2
	2	2				2		

Medium (658)

1	2	3	4	5	6	7	8	9
1			2		2		3	2
2		4			3	3		
	2		2				5	3
1				4		3		1
1							3	
	2		4		3		2	
	3	3			3			1
4				4			2	
			3		3	3	2	3
	2	2		2			1	

Medium (659)

1	2	3	4	5	6	7	8	9
1		2		2	2		1	1
	2	3		3		3		3
			1		2			
2				3	2		2	
	2	1				1		1
	2						1	2
		2	2		3	2		2
2				3			1	3
2		3				3	2	4
			1	2	2			

Medium (660)

1	2	3	4	5	6	7	8	9
	2	1		1		4		2
2				3			5	
	5		5			6		2
2			4				4	
	4						4	2
	2		1			5	3	
2		2		2				
			1		4			
2	3		3		2		3	5
	1				2			1

Solution on Page (202)

Medium (661)

			2		2		3		
3		3	2	2	3	2	3		4
3	3	3	1	2		2	3	4	
		2		3	2	3			2
	4	3	2	3		3	3	3	2
2	3		1	3		5	3		2
	2	2	3	5				6	
2	2	2				8			
2		3	3	5				5	
	2	2		2	2	3	2	2	1

Medium (662)

	2		2			2		2	
2			3		3		2	2	
	2		2			2			2
2		2	4		5		3		
2			3					6	
	3							5	
	2		2	4		7			
	2					4		4	
1		3		5	4	3		4	
							2		2

Medium (663)

	1	2		4		3		3	
2	2	2		4		4	2	3	
	2	3	4	4	3		2	2	2
2	3				3	2	3		2
2		5	5	5		2	3		2
3		3			3	3		3	1
	4	4	5		3	4		4	1
	5			4		5		6	
	5		5	4		4			
1	3		3		2	2	3		3

Medium (664)

	2		2		2		2		1
	2		3			2		2	
1	2			3	1			3	
	2			5		5		4	
1	2		3			5			2
			1		4			2	
2		2				4	3		2
	2							2	
2		3	2				4		2
				1		2		2	

Medium (665)

	2				1			3	
2		4		4		5		5	
	1			4				3	
2		2			4		2		2
	2		3			2		1	
3		3			4		3		2
	3		3				4		
3		5				3			3
					4			4	
	3	3					2		2

Medium (666)

	3		4				1	2	
2				5		3		3	2
	3		4			3		2	
2			2		2		1		2
	3		3		2			2	
3						2			3
				4		3			2
3		3		3	3		3		2
	2	2		2		4			
1				2				3	1

Solution on Page (203)

Medium (667)

1	2	3	4	5	6	7	8
	3			2		1	1
2			5	5	4	1	
2					3	3	2
	2		4	5			2
1		4		4		4	
	3					1	3
		3		3			2
1		2			2	3	3
2			4		4		2
		2			3		3

Hard (668)

1	2	3	4	5	6	7	8
	2		2			2	
3			2	1		2	
		2		1		2	2
	3			2		2	
		2	3		2		
	3			4		3	
3			1				2
	2		1		2		2
2			4			2	1
		2	2			2	

Hard (669)

1	2	3	4	5	6	7	8
					2		
	2		3			5	3
2		2		4			1
	2		5	7		5	
3			4				
		3		4	5	5	2
			3		3		2
1		4		2		4	
	4			4		2	2
			2		1		1

Hard (670)

1	2	3	4	5	6	7	8
1	3		2		2	3	4
	5			2			
		5		3		5	6
		5			4		
4	5				3	3	3
		3			3	2	
	4			1		2	2
1		1			2	2	
2			2		1		2
					2		2

Hard (671)

1	2	3	4	5	6	7	8
		3		2			1
	3			5	3		2
	3	3	5			2	2
2				3			2
	3				2		2
	3			3	3		2
	3		4			2	
	3		3		4		1
3		5			2	3	1
		4		2		1	1

Hard (672)

1	2	3	4	5	6	7	8
	2			1		1	
3	4	2		2		2	1
			3		3		4
			4			3	
3					3	2	3
	2	4		4			2
	3		5			2	2
1				4	3		2
	4	4	3	2		2	2
					2		1

Solution on Page (203)

Hard (673)

1	2			2	3		2	1
						3		
2	2	1			2			
			2		3			2
2		2		3	2		1	
	4		4		2	1		
2				2				3
		2			3		5	3
1			2	2	4		4	
1		2						1

Hard (674)

1	1			2		2		2
			2		1		1	1
		4		2	2	2	1	
2		4	3					
2					3		3	2
	3			4		2		
	3		3		2		3	2
	4					2		
3			2	2		1		2
					1		2	

Hard (675)

	2		3			3		2
2			4			2		2
	4		5			4		
3				5			2	1
		3				2		
3	3		2	5			4	2
		3			4			
2				3		2	4	2
	3	4	4			2		
			1		2		2	1

Hard (676)

1			2	3		3		3
3			4			4	2	
		3						
3						3	4	3
2				3			1	
	3		4		2		4	
	3							2
2					5		3	2
2		4			3	2		3
	2	2	3					

Hard (677)

	2			2	4	2	2	1
		3		4				
	3			4			4	
1			4		2			4
	3					1		
		2			2	3	4	3
3		3	2		3			
1		2		1			4	
	1		2			2		3
		2			1			2

Hard (678)

	1				3		1	1
1			3			2		2
	1	1	1			2		2
2		2		2			2	2
			2					
	1			6	3			2
1		4					2	4
		4			4	2		
	6	4						5
		2	1			2		

Solution on Page (203)

Hard (679)

	2		1				1	
2				3		4		2
	3				3		1	
2			4			3	2	2
	2			3	3			1
1			2		3		2	
1				3			2	1
		3					2	
2		4		5		4	2	1
	1			3			1	

Hard (680)

		3			3		2	
	4			4			4	1
1			3		4		3	
	4	3				3		
	3			2		3	4	4
			2			3		
3	3	1		2				3
		2			4	4		1
	4			3			5	4
2				2				

Hard (681)

	2		1			2		2
		3		3		3		2
	3		4				3	
				3		5		
1	2	3				4		1
				2			1	
	3		3	2				2
2		2			4	4		
3	4			2		5		3
							2	1

Hard (682)

		1	1	2		2	1	2	
4	4	3	2		4		2	2	
		2		2	3		3	2	2
3	3	3	2	3	2	2	2		1
	1	1		3		1	2	2	2
2	3	2	3		2	2	2		1
	3		4	2	1	1		3	2
2	4			4	3	4	3	3	
	3	4						4	2
2		2	3		5				1

Hard (683)

	2	3		3			2	1
2					4	3		
1		4			4		2	
2		2				4		3
		2		4			3	
	2				5	4		
		5					1	
2		5		3	3	2		2
	3			6		3	3	
1							3	

Hard (684)

2	2		2		2		3	
			5		3		5	
4					2			3
2			3		2	5		2
2		2		2				
	1					3	3	
2				2		2		2
	2			2		1	2	
2	3		2		2		2	2
	2					2		

Solution on Page (203-204)

Hard (685)

1	2				4		3	
		1		4				1
1			2		5		2	
	1	1		5				
	2					2		2
2				3		3		2
		2			2		3	
2			4		4	3		1
	4			3			2	
1					1			1

Hard (686)

	2		3		3		1	
3			3		2	3		2
		3			4			2
3		4			4		4	3
2		3						1
	2				4	3		1
			1	1			1	
	3	2				3		
	2		1				2	2
1				2			2	1

Hard (687)

	2	1	2		1	2		5	
2	3		2	2	2	3			
	2	2	2	2		3	3	5	3
2	2	2			3	2	3		3
2		4	2	3		3	2	4	
3		4		2	1	2		3	2
4		6	4	4	2	3	2	3	
					2			3	2
3	4	4		5	3	4	2	3	
	1	1	1	2		2		2	1

Hard (688)

1	1		2		2			2	
		3		4			2		
	2				2	1			2
			3	4					1
	2	3				2		2	
		4		3	1		4		2
3	4			3			4		
		5				3		3	
4			2	3		2			1
	2	2						1	

Hard (689)

1	1				2			3	1
		3		5		4			1
	2			4		2			
2					1			1	
	2		3	2	1		3		2
2									2
		5			3	3	3	4	
2	3	3						3	
	2		4	4	4	3			
							1	1	

Hard (690)

	3			2		1			
		3	4	3				2	
3			2		2		2		2
	2			1		1			1
3			2		2		2	2	
									1
	4	2				2		2	
2		2			2			3	2
	3		4		2				
		2			2		1	2	1

Solution on Page (204)

Hard (691)

	3				2	1			1
	4		6	3	3	3			3
1									
	5		4	3			6		
			3			4			3
3	4	4		3			3		
		3		3	3				2
	3		2				1		
2				2		4			2
	2		1		1				2

Hard (692)

	2		2		1	1		2	
2	4			1					2
2			1		1	3			1
	4			3			3		
						2	2		
			5		2				2
3		2				2			2
	3		3			2	4		
3			2		3		2		3
	2			2					2

Hard (693)

3			2		3		4		2
		4	3	3	6			5	
4		2	1				5		
	3	2	2	3	5		3	3	
2		1	1		2	1	2	3	3
2	3	3	3	3	4	3	3		
2			2					4	
	5	5	4	3	3	3	3	3	2
3				1	1	1	2		1
	3	3	2	1	1		2	1	1

Hard (694)

		2		2					1
	3			3	4			3	
1			2	3			5		1
		2	4					4	
2	2							5	
		5			5	7			2
3				2				3	
3			3	3		3			
3			3		2			2	
		2	2				1		1

Hard (695)

	2	2		2		2		2	
3		3	3	4	3	3	2	3	2
	5		2			3	3		3
		3	3	4		3			
5		4	3		4	3	3		3
			3		1	2		3	3
3		3	2	3	3	3	2		
2	2	1	1	3		4		4	
	2	1	2				4	3	2
1	2		2	2	4		3		1

Hard (696)

	2		2					3	
2		2	3	1		1			4
			2			1			
1		3			3			3	3
1						2	3		1
		2			3				
	2		2					1	1
	2		1						2
		3				5		4	
	1				1	3			1

Solution on Page (204)

Hard (697)

	2			2		2	3	
2		2			2			2
			1		3		4	
2			2				2	2
	3		2		2		3	2
3			2		2		2	
		5				2		3
1			3		2	2	4	
	2					2		2
1			1	2				

Hard (698)

	2		1		2		3	1
2		3			4		5	
	3				4			
		3		5		3		
3					2			2
	2				2			1
	2	2		3		2	1	
2			4	5				1
		2	4				2	2
	3			3			2	1

Hard (699)

			2			1		1
2		2		3	4			1
	2		2			4		1
2				2				4
		1		4		5		
2		2						
	3		4		5		5	4
2				2		3		
	3	2		2		3	4	3
	1			2				

Hard (700)

	2		1	1			2	
	2					3		2
1			2		5			1
		2		4			5	
5		3	1			4		
5				1				
	3		1			1		3
3			2		3		2	
2		2			4			2
		1	1				3	

Hard (701)

2		1			2	1		2
	2		3			2		2
		2			2		2	
			2		2			
	1					2		
		3			3			1
2			1		3		2	
	4			1		2		1
			2	2	2			3
	1	1				3		

Hard (702)

	1				2			2
1		3				4		3
1			3		3			2
	2	3			2		2	
2				2				1
	2		2		3			2
2		1	2			1		
	2		3	1		3		
2	3		4	2				
	2			3			2	2

Solution on Pages (204-205)

Hard (703)

1	2	3	4	5	6	7	8	9
1					2			
	5		5	2			4	3
	3				1	1		2
			3			2	3	
			4		3		2	1
2		2				2	3	
	2							
2				3		2	1	2
2		5			3		1	1
		3	2					1

Hard (704)

1	2	3	4	5	6	7	8	9
2		3		2		2		1
	5		4			2	2	
		4			2		2	1
4	5			4		3		1
			3			5		
		4		3			2	
3							2	1
	4	2		2		3	4	4
				1				
1	2				2		3	4

Hard (705)

1	2	3	4	5	6	7	8	9
	3				2		2	
2			5	5			2	2
	3	4			2		3	
			5	3				3
1		2			4	4		
1		1		4		3	4	
	2			5		4		
	3		4				4	
		1		5				2
	1				3	3	2	

Hard (706)

1	2	3	4	5	6	7	8	9
	2						3	3
1	3		5			4		
	2		3			3		2
1				4		4	3	
2		2	2	3		2		
				4			2	
2		2		3				2
	2			5		2		
3			3		2		3	
		2		3		2		2

Hard (707)

1	2	3	4	5	6	7	8	9
2			1		2		1	1
	3			3		2	2	
2			1				2	
	3			2				2
2			2		2	2	2	
	2		3	2			1	
3		2			4	2	2	
								1
		3	4	4			4	
1	2				1		2	

Hard (708)

1	2	3	4	5	6	7	8	9
1			1		1		2	
2	2	1		2				2
			2			2	2	
					4		4	3
	1			5		2		
2		4		4		3		3
					3	2		1
3	4					2		
		2	2	5		5	2	2
	3			3				1

Solution on Page (205)

Hard (709)

	2		2		2		2	1
1		1		2		3		1
					4		2	
2		4						1
	3			3	3	3		
			5		2		2	
	2				3			
2		3			2			2
1			3	3	4		5	
		2						2

Hard (710)

	2	4				1		
				4			3	
	4			5		3		1
1		3	3			4		
2				4			1	2
	2							3
2		3	3	3			2	
					1		4	4
2		3		2		1	1	
	2						2	

Hard (711)

	2					2		1
1		2		2	1			3
	2			1		2		
		2	3				3	2
2			1			2	2	
	3		2	1				
3		3		1			3	
	3			2		1		1
3		2	2	2		1		
					2		2	

Hard (712)

1		2			2			
2	2			5		2		2
	4			4	3	2		1
				3		2		
		4	3		4			2
2				3	5		4	
	2		3		4			2
2	2		2	3			3	
2			3			2		2
		2			1		2	

Hard (713)

1		2	2	2		2		2
	2				3		3	2
1		3						1
	2				3		3	1
		2	2	1		2		1
2						3	3	
1			2			5	4	
1		1					3	
	2		1	2	3	4	3	3
1								

Hard (714)

		1			2	2		2
3	5		4					1
				2		2	1	
3			3		1			
	2				3		3	3
1		2			2			3
1			3			2		
	3			5		3	1	1
3								1
		2	2	3			1	1

Solution on Page (205)

Hard (715)

	2		1	2		5		3	1
2	4	2	2	2				3	
	2		2	2	4	4	4	3	2
2	3	2	2		2		2		1
1		2	2	1	2	1	3	2	2
2	3		1	1	1	2	2		1
1		2	1	1		3		2	1
3	3	2	1	2	3		4	3	1
		2	2		2	2			2
2	3		2	1	1	1	3		2

Hard (716)

1		1	1		2			3	2
2					3				
2		2	2		1			3	2
	4								
2					1		3	4	
	3	4		4		2			3
1			2					4	
	2		3		3				1
1		3	2				2		1
	2			2					1

Hard (717)

	1	1			2		2		1
2						5		4	
		1	2		4				
	3		3				7		2
2				3	4			3	
	5		4						1
2		2			2		1	3	
2			2			1			
	2			2				3	2
1		1				1	1		

Hard (718)

1	3		5		3			2	
	3				6	4	4	3	2
2	3	3	5				2		1
	2	1		4	5	3	3	2	2
	2	1	3		3		2	2	
2	3	1	4		5	3		3	2
	4		5			2	1	2	
	4		4		3	2	1	2	1
2	4	2	4	2	2	1		2	1
	2		2		1	1	2		1

Hard (719)

1								1	1
	5	5		4			2		2
					1	1		3	
4			2				3		2
2		3		3					1
						2		1	
1		4	5		4				
2					5		4		
	4		4	2				4	2
					3			3	

Hard (720)

	2	1				2	2	3	
1				3					3
			3			3	3		
	4								1
2			3		1		2		1
			2			2			1
				2	3		2		2
1		2	2			4		2	
1			2				4		3
		3		2			4		

Solution on Page (205)

Hard (721)

1	2	3	4	5	6	7	8	9
2	4		3		1	1		2
				3		3		3
3		3					2	
	2		2			1		1
2				3		2		
	2	5				3	4	
2		5		3		3	4	
			3			4		2
2		4		4			3	1
	1				2			

Hard (722)

1	2	3	4	5	6	7	8	9
	4		3		2		1	
	5		3		3			2
	4		3			1		
2		2		2	3		3	
			3			1		
	2				3	3		3
1			2			2		2
		1			2		3	
	3		4			2	2	
		2			3		1	

Hard (723)

1	2	3	4	5	6	7	8	9
			2		2	2		1
2		2		3		5	4	
	3							
3			3		4		2	2
2				2		1		1
	3		2	1		1		1
2			1		1		2	
		3		2		1	1	
3	4	3				1		2
			4				2	

Hard (724)

1	2	3	4	5	6	7	8	9
		1		2	1		3	
	3				4			2
2	3		2				4	
		3		3				3
				3		2		
	3	1			3		4	3
	5					4		2
		4	5		3			3
3						4	3	
	2		2	1				1

Hard (725)

1	2	3	4	5	6	7	8	9
	3		1	1				1
	4				5		4	
		2	2	2		3		3
2	3						4	
		3		2	1			3
2			3	2		2	3	
3					3			3
			3			1		2
4		4	3	4		3	2	3
2					2			

Hard (726)

1	2	3	4	5	6	7	8	9	10
1			2		2		1		
2	3			2		2		2	2
		2		3	2		2		
2	2				5			1	
		2							
			3		5			3	
2	5			1			2		
			3			2			2
2	4	2			2		3	2	
			2			2			1

Solution on Page (206)

Hard (727)

2		2	1		3				
3						3		3	
3		2		4	4		3		2
	3							4	
2		1					3		
2					5	4			4
			3					5	
1		2	2		4				2
2			3			4	4		
		2				2		2	

Hard (728)

	3		2		1			2	
2				1			2		1
	4		5			3		3	2
2									
		3	5	4			3	3	2
2		3			3		2		
2			3			2		2	
					3		3		1
2	2	2			3		3		1
	1		2		3				1

Hard (729)

	3	2			1	2			2
			3	4			2		2
					2	3			
2		3		3	2				
	5				2		2	2	
					1			2	
	4		1		3				2
2			2						
2				2	4	2			2
	2								2

Hard (730)

	1			3	1		2		
2		4				2			1
			2					3	
2		3			3		3		1
	2		2						
			3		5				1
	3	2				2		2	
	3				2		2		2
3		3	2	2					1
					2	1	2		1

Hard (731)

	2		2			2	2	3	
2			3	2					
2		3				2			2
2					2				1
	3	3		2			2		
			3		4			2	
	3			4		1			3
	1					2			2
2		1	2		4		4		
	2							2	

Hard (732)

		1	2		2		1		
1			3			3			3
1	3		4			4		3	
			3	3		5			3
		3			3				
3		4		3			5		
3		5						3	
	3			4	4				2
3				4				2	
	2				3	2			1

Solution on Page (206)

Hard (733)

1		2			1			2	
	3			2		3	1		
		2						2	
	2		1		4			4	2
2				2				6	
		2			7				
		2	2					6	6
	2				5	4			
1			2					5	5
		1		1				3	

Hard (734)

			2		2			2	2
	3		3		3				
	3	1		2			1		
	3					2			2
					2			1	
	2	3	1			4			2
				3			3		1
1					3				1
	2	4		3	2	3	3	3	
1			2						

Hard (735)

1	2		2		2		2		1
	4	3	3	2	4	3	4	2	2
2			2	2			2		1
1	3	3	3		4	3	3	2	2
1	2		3	2	3			1	1
2		3	2		3	2	2	2	2
2		3	2	2	2		1	1	
3	4	4		1	1	1	1	1	1
			3	2	2	2	2	2	1
3		3	2		2			2	

Hard (736)

				2				2	
	4		4				3		1
3					3	5		4	
2			1						
				1					2
	2		2			5		4	
		4			3			5	
1				1				4	
2			5		3	3	4		2
	3		3						

Hard (737)

	3	2		2			1		
				4				3	2
3		4			3		3		2
	1					4		4	
	3		4	4					2
2			5		3			3	
2							2		
	3		5	4					1
1		2			6			2	
			1						2

Hard (738)

1		1		1				2	
2			3		2	2	2		
3				2			2		2
2					1			3	
			1			2	2		2
		1							2
2	3		1			2			1
	2		2	2		2			
2							2	2	
	2		3	3					1

Solution on Page (206)

Hard (739)

1	2	3	4	5	6	7	8	9
		2		3		1	2	
	3			4				3
3		2			3	3	5	
		4	3					3
3	4					4	6	
		3			1			
3			1			3		2
3						3	2	1
2					4			2
	3			1			3	

Hard (740)

1	2	3	4	5	6	7	8	9
2		2			2		3	
	4		2			2		
3		3		1				
			2			5	3	2
	5			3				2
2		3				3		
			4		3			2
			2				6	
3		4	4					
	1	2		1		2	4	

Hard (741)

1	2	3	4	5	6	7	8	9
	2			2		2	2	2
3	5	3		4				
				2				
3		3				2		2
	3		1				4	
3			2	4	5			2
	2					4		1
2		1	2		4			
	2			2	3	3		
1						1	1	1

Hard (742)

1	2	3	4	5	6	7	8	9
2		2			3	2	1	
2			4			4	5	3
	3			4				
	2					2	4	3
1					1			
				3	5		2	1
1			5					
2				4		3	4	
	2		4		3			
				3			2	1

Hard (743)

1	2	3	4	5	6	7	8	9
	4						3	
		4		5		2		3
		3		4		1		3
1				4	3			2
		4				3	3	1
2								
		3			4		4	4
		2		4			4	2
2		2		4	4	3		3
			3			2		

Hard (744)

1	2	3	4	5	6	7	8	9
		3		2		2		
	2	3		4			3	
2						2		
	1		4				5	
				2		3		3
	1		2	3			2	
2		2				4		2
2		2		4		4		1
		2		3			2	
	1		1			2		1

Solution on Pages (206-207)

Hard (745)

	2				3		3	
1			3		3			2
1		3		2		2	2	
	3		4		3		3	2
2			5			3		3
	2	4				4		
1					3			4
2				3				3
	4			2		3	4	3
	2	2					1	

Hard (746)

	2			2				1
	3				6		4	
1			3			5	4	4
	2		3		3		4	
2			3					2
	1			4		1		2
		3			1		1	
	2	3				2		2
3				2			4	3
		2	1		2			

Hard (747)

	2	1	1		1	1	1	2	
4		3	3	3	2	1		4	3
		4			1	1	3		
5		5	3	3	1	1	4		
		3			2	1	2		3
2	2	2	1	2		2	3	4	3
1	2	3	2	3	2	2	1		
2				3		2	2	3	3
3		6	5	5		2	2		2
	3				2	1	2		2

Hard (748)

	2	1		1			2		2
2				3	2		3		
		2				1	2		
2			1		2				1
	2	2				3	1		1
3		2		3				3	
			2		3				3
		3	2			2		5	
3				3			2		
	1	1				2		2	1

Hard (749)

			3				1		1
	5	4		3			1		
	2				3			2	
1			3			2			
	3			2	3	2		2	
3	6		5	4		4		4	
						5			
					3		3		2
	2	4	3	3		2			1
		2					1		1

Hard (750)

	2					2		2	
3		3		3				2	1
		3		2				2	
	4		2				2		1
1	2			2		3	2	2	
		1		3					
	1						4	2	1
2				2					1
	2	2			4		5		1
	2		2		3				

Solution on Page (207)

Hard (751)

1		2			2	2		2
	3		4					1
1				1			1	2
	4				2			
			2				4	5
2		2		1			3	
	2		2			2		3
2		2			3			
	3		4				3	3
		3		2			3	

Hard (752)

	3	2		1		1	2	
4			3			1		2
		4		3				
	3	2					2	1
			2	2		3		
2	2					1		1
	1	1	2	2				1
			3			1	1	1
		3			3	2		1
	2		3			2		1

Hard (753)

		2		1		3		2
	5			2	3		3	2
2			2				2	
2		3	3	2		3		
	2						2	1
3			3	3			3	
		4					2	
3				6	3			2
	3	5				4	3	
2					3			

Hard (754)

	2		2				2	1
2				3		3	3	
		1						2
3			1		4		4	
	3				1		1	2
1			1		2			
	3			2			1	
			1		4		1	
3		2			3		2	
	2				2		2	1

Hard (755)

1		2		2			2	2
	3				1			
	2		2				4	
		2			3			2
	1			3			4	
2		4				3		3
	4		4		3			4
				5			2	
	3					4	2	2
	3	2	3				2	1

Hard (756)

	2			1			2	
2		2	3	2	2		2	
						1		2
1			3		3		5	3
1		3	2			3		
1				3			3	5
			2					
1		1	2			5	4	2
	2		1	3			2	
1						3		1

Solution on Page (207)

Hard (757)

	2		3				3	1
2		3			2		3	
				5		2		1
	2	3				2		
1			4	3		4		
	4			2			6	
		2			3			2
		2		1			3	
2			3				3	4
2			3			1	3	

Hard (758)

2			2			2		2
2				2		3		2
2				4			1	1
3			2			3	3	
				4		3		
	4					1		2
		3		2	1	3		3
	3	2		2		2		
	4		4			3	5	3
1					2			2

Hard (759)

1					2			1
	2			2	5	5	5	
	1		3					
		1			6			2
3	4				5		5	
			4			5		
			5					
	5				2		2	2
2		2		2		2	3	2
			2		2			

Hard (760)

	2	3		2			3	1
	3			2			2	
1		4			3			2
	2				3			
1		3		3		4		3
	3		1	1				2
		2			1			2
4								3
	4	3		3		4		4
	3			3				

Hard (761)

			3		2			2
2				3		2		
	4				2			
2			4		2		2	
		2		2			2	2
1					3		2	1
	2		3	4				
1		2				2		2
2				3	3	2		2
	2		2		2			1

Hard (762)

	2		2			3	4	
2	3	3	3	3	3	4		4
1		2		1	1		6	
1	1	2	1	1	1	3		5
2	2	2	1	2	1	4		
		3		4		4		3
3	3	3			3	4	3	2
	1	2	3	3	2	2	3	1
2	3	2		2	1	2	3	2
	2		2	2		2	1	2

Solution on Pages (207-208)

Hard (763)

1	2	3	4	5	6	7	8	9
1						1		1
1	2		2		1		1	
		1		3			2	
2			2			1	2	
	4		2					1
		3		4			2	
	5					3		1
		3		6			2	
	6	4			5		3	1
			4			1		

Hard (764)

1	2	3	4	5	6	7	8	9
	2		2			1		2
2			3		2	2		2
	3		4		3		2	1
		3						
2		3	5			3		4
2		3			4			6
					3			6
1	3				2	2	3	
1		3	2				3	3
			1		1	1		

Hard (765)

1	2	3	4	5	6	7	8	9
	2			1			1	
2			1		3		3	2
3		3		1	3		2	
					2		2	
4	6				2			
			4		2		3	
			5		3			4
1		3		4			4	
	3				3		4	3
2			2	2				1

Hard (766)

1	2	3	4	5	6	7	8	9	10
	2	1	2	1	1	1		2	
3	4		3		1	2	2	4	2
		3		3	2	2		2	
3	3	3	1	2		2	1	2	1
2		3	1	2	2	2	1	1	1
2		4		2	2		1	1	
2	4		3	2		2	1	1	1
	5		2	1	2	2	2	2	2
		4	2	2	3		3		
3		3		2			3	3	

Hard (767)

1	2	3	4	5	6	7	8	9
			1	2		1	1	1
	4	4			5			
	2			3				
2				4		5		3
		1		4	4		5	
	2			4				3
2		4		5				6
								4
	2	1		2	4	2		2
	2				2			

Hard (768)

1	2	3	4	5	6	7	8	9
	2		2			3		2
2		2		3			2	
			2		2			1
2			3				4	
	2				2	1		3
2					2		4	
3					1		3	
		4		4			3	
3	4		3					2
		1			3	4		3

Solution on Page (208)

Hard (769)

	2		2			3			
2	3			3			2		2
	3	2			4	3			1
2			3					3	
	3			2					2
2		2			1				3
			3				4		
2			3			3	4		2
2	4				2			3	
		2		2			1		

Hard (770)

		2		2			2		2
2	3		2	2			4	5	
		3			3				
3	4					5	4		
		4		5				3	
2		2		4			3		2
2			2		3	3			
			2					4	2
			2			3	3		
2	3				2			3	

Hard (771)

	3					2		2	
		2			5				2
2	2	1				2		2	
			4			3	3	3	
2	3				2				1
		3	4				3		
2					3	3			
	3		2					3	2
4		4		3			2		2
							3		

Hard (772)

1	3			2		2	2	4	
	4		6		3				
							4		3
1	2			5	3	3			1
	2			3		5		5	
2		2							
		2		3				6	
					3			5	
2		4			3				1
	1			3		1			

Hard (773)

	1	2		3			2		
		3			4	2		3	
1					3		2		
	2	2			3			2	
2			1	1		2			2
								2	
1		1		1	1	2			
	1	1					3	3	
			1		2			3	
1	1			2		2		2	

Hard (774)

3		3			2	1		3	
		4	5		5	3	3		3
	5	5					2	2	
3				5	3	2	1	1	1
	4	6		4	2	2	3	2	1
2		3			2				2
1	2	4	5	5	4	4	4	4	
1	2					2		2	1
1		4	5	5	4	3	3	2	1
1	1	2			2		2		1

Solution on Page (208)

Hard (775)

1	2	3	4	5	6	7	8	9	10
	1			3	2	2		2	
2		1					2		3
			4	5					
	4				2			4	
	4	3				1			2
			3				6		
2	4				2				
		4		3		5		3	1
				3	3				1
1	1		1			2	2		1

Hard (776)

1	2	3	4	5	6	7	8	9	10
		1	1	2				1	1
2				3			2		2
	2				5	5			
2		4							2
			2		5		4	3	
2	4					3			2
			1		3				
2	3	2		1			3		2
		1			4			1	
	1		1						1

Hard (777)

1	2	3	4	5	6	7	8	9	10
	3		4					3	
2			4			4			2
	2				4		3		
2				2				3	3
		2				1	3		
2			3		2				4
3				2				3	
		3			3		2		2
			1			2		3	
2	2			2					1

Hard (778)

1	2	3	4	5	6	7	8	9	10
1						2	1		
	2	1				3			2
2			1			2	3	2	
		1					2		
	1				1	2			1
						2		2	1
1			3				2		2
1			6			4	2	2	
	3					4			2
	2	2	4				1		

Hard (779)

1	2	3	4	5	6	7	8	9	10
		2		2	2	3	4		3
	4	4	3	3					
2	4			2	2	3	5		
	5		4	2	2	2	3		3
	4		3	2			4	2	2
2	4	4		2	3		3		1
2			3	3	3	3	3	1	1
3		4		2			2	1	1
	3	3	2	4	5		3	2	
2		1	1			2	2		2

Hard (780)

1	2	3	4	5	6	7	8	9	10
				3			1		2
3			4		4			2	
2	3								2
		2		3			2		1
		2		2		2		4	
4					2		3		
	3			3			2		
		1	2		3			5	
2					4		4	5	
	1						3		

Solution on Page (208)

Hard (781)

	2			2		2	2	
2		3			3			1
1			4			1		
	3		4	3		3	2	
					3			
	3		2			3	2	
		3					4	1
3	4				4	3	3	
	3		5	3	2		4	
1						2		

Hard (782)

		1		3				1
2		2				4	2	2
	2			3				2
1			1			3		1
	2	1	2				2	1
		3		3		1		
	5		5		5		2	
	3				2			1
2			5		5	3		2
1			3				2	1

Hard (783)

			2		3		2	
3		1			3			2
	3	2		4	4	3		1
						3		2
3			2	4		5		
	1	2						
			3			3	5	3
2					2	2		1
	5	5		3		3		5
			3					

Hard (784)

	2	2		1	1		2	
2			3		2			2
		4			5	4		1
						3	2	
	2		4			5		
1		4		3				
1					4		3	2
	5		4				2	1
2				2		4		2
	2					3	3	

Hard (785)

	3			3	3		3	
2					5		5	2
		4			6		6	
2		2		2				
	3		3			3		3
	4						2	
			4	5				2
3	4	3		3		2	1	2
	3		4		2			2
1					1		2	

Hard (786)

		3		1			2	
3			2			3		1
	3				2	4	2	
2	4	3						3
			2	3				
1			3			3		3
	2			2		4	4	
	1		2		4			
2		1	2			4		
	2					2		1

Solution on Page (209)

Hard (787)

Hard (788)

Hard (789)

Hard (790)

Hard (791)

Hard (792)

Solution on Page (209)

Hard (793)

	2								
2	4		3		2		5		4
	3			2		2			3
2		2					4		2
2			1			2		2	
	2			2			3		1
2	2		3		4				1
	1	2		4			3	2	
	2				4				1
		1			2			1	

Hard (794)

	2			2	2			1	1
		4		3			2		
3			2				3		2
	3				2			4	3
1		2		2			3		
	3		2			2			3
	3			4	2			2	
				4			1		
	2	2		5		3			2
1				3					2

Hard (795)

				2		2	3		2
	4			4	3				2
2		2				4			
			2				2		
	2	1	1	2		5			2
1				2			5		
		3	3			1			
				3		2	4		
3			3	3		3			3
	1	1	1		2				2

Hard (796)

		2					3		2
3			3		2			3	
	2		2			3			2
		4		3				2	
2				2			2		
4					1				2
			3		2		2		2
	3	3				1		2	
1			4	5		2			1
		1				2			1

Hard (797)

1	1	1	2			3	2	2	2
1		1	3				3		
2	2	3	4		5	3	4		3
1		2			2	2		4	2
2	2	2	3	3	2	2		3	
	1	1	2		1	2	2	4	2
1	1	1		3	2	2		2	
2	2	3	2	3		3	2	3	1
		5		4	2	4		3	1
3				3		3			1

Hard (798)

		3	4		4		3		
3						2			3
	4		6		4		1	3	
			4						
				5		3		4	3
1		2			3		6		
1		2							
					4			4	3
2	2	2		3		4			2
			1	2					2

Solution on Page (209)

Hard (799)

1	2	3	4	5	6	7	8	9
			4	3		2	2	
	6						3	
3		5	5			3	2	
				5				3
	3		4					1
		3				3		2
	2	2			4		1	
		2	2				3	2
2			4		2			1
1			3		1		2	

Hard (800)

1	2	3	4	5	6	7	8	9
1		2	1	1			3	1
	3			2			2	
							2	
3			1		2			3
	2			2		1	3	
2			4			1		
2								2
	5		3	2	4			1
4		4		1		3	3	2
				2				

Hard (801)

1	2	3	4	5	6	7	8	9
2	2		2		2		2	1
				3		2		1
4		4		2			1	
2			2		1			2
	3					2		
		4			2		2	1
2		2		3				1
	1			3		1		2
2			2		3		2	
		1		2				1

Hard (802)

1	2	3	4	5	6	7	8	9
	2	2					2	2
2				4			3	2
		2	3		2			1
1	2					2		
		4			2		2	
1			5	3				2
1						3	3	2
					2	3		
	4	3				3		3
2			2		2		2	1

Hard (803)

1	2	3	4	5	6	7	8	9
2	3	2			3		3	
			2				3	
		5	3		4		4	
3			3					2
3						3		2
2			3	2			4	2
2		3			1			3
	2			1		2	4	
2		3			1			2
				1			1	2

Hard (804)

1	2	3	4	5	6	7	8	9
2	3		3		4	2		
			4				2	2
			6		5	3		1
	3					3		2
2				3	2			1
	1			2			2	
1			1			2		2
			2			2		2
	2		2	4		3		2
	2			2				2

Solution on Pages (209-210)

Hard (805)

1		2				1			2
1			2	2			3	4	
	3		2		2				2
		2			4			3	
	3			4			4		
1		5							2
2						5		3	
	2		3		3	5			
2		3		2				2	
			1				3	2	1

Hard (806)

	3		2		2		2	2	2
2		4	5	3	4	3	4		
2	3				2			6	
	4	3	5	3	3	3			3
	4		3		3	2	2	3	
	5	3	5			3	1	2	1
	5			6		3		2	1
		4			3	3	4		3
3	4	3	4	3	3		4		
	2		2		2	1	3		3

Hard (807)

1	1	1	1			3	2	2	1
1		1	1	3	4			3	
1	2	2	1	1		5		4	1
1	2		1	1	1	3		3	1
	2	1	1	1	1	2	3		2
1	2	2	2	3		3	3		3
1	3			3		5		4	
1			3	2	2			5	3
3	4	4	2	2	2	3	4		
		2		2		1	2		3

Hard (808)

			2			2		2	
2		3			3	3			2
1			3		4		3		1
	5	6						2	
				4		4			2
3			4				3		
	2	2			2	2		3	3
1				2			3		
			2						2
	2	1		1	3			3	

Hard (809)

			2				2	2	
3			3		3				2
	2				2		4	5	
		1		2					
				5		7			
1						6		4	
	2		4		3				2
1				2			3		
	5			4			3		2
	3				2		2		1

Hard (810)

	1	2		1			2		
1			2		2	3		3	2
1		2		1			5		
			3		3	4			2
			3					3	
1		3		3		3			
1			2		2				1
						2			2
2		2	2		2			2	
	1		2			1			1

Solution on Page (210)

Hard (811)

		1			1		2	
2	2		3			2		2
3				2	2			
		5					3	2
3			4			3		3
	3		3		3	1		
			2			4	4	3
2		2					2	
1			2	2	4		3	2
	2					1		

Hard (812)

	2		2				1	2
1			4			2		
	2				2		2	3
		6	6		4	2		
2				4		3	3	
	3	4		5				2
							3	2
	2		1		4	5		
3		2		4				5
		1					2	2

Hard (813)

		2	2		3		2	
1						2		1
	4				4		1	1
		4		4				1
2		6				1		
2					1			2
			5			3		1
	4	3			3			1
3			3		4	3	4	4
		1						

Hard (814)

		1		2			2	
	1		1			2		1
1			1			2		1
1		2		2				
		1		1		1	4	
	1						4	
1		3					6	3
	2			3			5	
2			4			4		
		1		2		2	3	2

Hard (815)

		1		1		3		3
	2		1			4		2
1				3		3	1	
3		3					3	2
		4		4				2
		2			4			3
	1			2			4	2
2	2				3		3	
	2		2	3		4		
			1	2			3	2

Hard (816)

2			2	1			3	2
2		3			4		4	3
					2			
		3		5				
	4			3			4	2
3			2		3		4	
2		3				5	3	
		3		3		3		
	2				3			2
1		1	2				2	1

Solution on Page (210)

Hard (817)

1		2		2			2	
	2		3			1		1
2		3		3		2		
	1				4	3		
		1				3		4
	2			4			3	
2				5		3		
	1						3	1
	2			4	4		2	1
	2		2					1

Hard (818)

	2	1		3			2	1	1
	3	3	2	5		5	3		1
2		2		3			3	3	2
2	3	3	3	3	3	3		2	
	2		3		2	1	2	3	2
3	4	3	4		3	2	3		1
		2			2	2		3	2
3	4	4	3	3	4	5	6		2
1			3						2
1	2	2	3		5			3	1

Hard (819)

					1		1	1
3		4	5		2	2		2
	5						4	
		6	5		4		4	
4				5		3		
	4			4		2		
		3	3					3
	4		3	3	5			1
2			3			2	2	
	2				3			

Hard (820)

1	2		3					2
		2		3		4	4	2
2					3			2
	1	1		3			6	2
1			2		5			4
	2							
2				3		4		2
	4	2		3		3		1
	4		2			2		3
	2					2	1	

Hard (821)

		3	3		4	2		
2			4			3		2
2				5				2
	2	2		2				2
2			2			2		
	4					2		1
			1			6		1
	5			3		4		4
2	5		5			3	2	
	3				3			1

Hard (822)

1				2		2	1		
	3			3					2
1			2			4			1
1		2			4			3	
	3						2		1
2			2			4			1
	2			2		4		3	
4	4			2					
	3			3		3	2	4	2
	2								

Solution on Pages (210-211)

Hard (823)

Hard (824)

Hard (825)

Hard (826)

Hard (827)

Hard (828)

Solution on Page (211)

Hard (829)

1	2	3	4	5	6	7	8	9	10
	3		2		3				
		3			4		4		3
2				3		2			1
	2		5		3			3	
		3							1
1				4					
3				4			1		
		2		3		4		5	3
3			2			5			
	2				2		3	4	

Hard (830)

1	2	3	4	5	6	7	8	9	10
		2		2		2	2		
3			1		2		2		2
	1			3				4	
		1				3		3	
1			4				3		
	3			4			5		
		2							2
		2	3		4			5	
2				4		6		3	
	3		3						

Hard (831)

1	2	3	4	5	6	7	8	9	10
	2				2			1	1
2		4		3		2	1		
									2
2	3	3	2	2	1		2		
				2		1	2		
2	2	1				1	1		1
		3		3			3	3	
3				2					
	5	3		2				6	3
			2		1				

Hard (832)

1	2	3	4	5	6	7	8	9	10
	1			3		2		3	
3		4		5	4			3	
			4					3	2
3					3		2		2
	3		3			2			
2			2					3	
		2		2		2			2
	4		2	2			1		
2		3		1				3	2
			2		2				1

Hard (833)

1	2	3	4	5	6	7	8	9	10
2		2		1	1			3	
	4	4	4	4	3	3	3		2
	3					2	2	3	2
2	3	2	4		4	3		2	
	1	1	2	2	2		3	3	1
3	3	3		3	2	2		3	2
		4			1	1	2		
5		5	3	3	2	1	2	4	4
			2	2		2	2		
3		4		2	1	2		3	2

Hard (834)

1	2	3	4	5	6	7	8	9	10
	1	2					3		
2			4		4	5			2
	3							4	
				5			1		1
1				2			3		
	4	4			2	2			
4			3					5	
		4			3		3		2
					3			4	
2	2			2		3		3	

Solution on Page (211)

Hard (835)

			2	2	4		2	1
	5					4		2
	4			5		4		
		3	2					2
3		3		2				1
	3		3		3		1	
3		2				1		1
	3		3	4		2	2	
3		4			2		2	1
				2				1

Hard (836)

	2	1			2		3		3
	2	1	3	3	4	2	4		
3	4	2	2		2		2	3	3
			4	2	3	3	4	3	
3	5			4	3				2
	2	3				3	4	3	2
2	2	2	4		4	2	3		2
1		1	3		3	1			3
2	3	2	3		3	2	3		3
	2		2	2		1	1	2	

Hard (837)

		4			2		2	
3		4			4			2
	2			4		4		4
2					4			
	2		4	5		3		2
2				5	4			1
	4				2			1
		3						1
		3					2	2
2	2			4	3			

Hard (838)

2			1			2		2
3				3	3	3	2	
2					4		3	1
	1		2				3	
				2	3	4		
	4	3				2		2
			4	3			3	2
		5				2		
2				4			4	4
	3		4				2	

Hard (839)

		2			1	2		1
1			3					1
		2			2	2	4	3
		4		4				3
2				3		2		
		2	4		2			
					2		2	3
2		2		2		3		
4			3		2		3	
		3				1		2

Hard (840)

		3		2	1	2		2	
	6		5	5		3	2	4	3
	4						4	3	
2	3	2	3	3	3			4	3
	3	2	1	2	2	3	4		3
	3			2		1	3		
2	3			2	2	2	3		3
2	3	2	2	1	2		2	2	2
	3	2			3	3	3	2	
3			2	1	2			2	1

Solution on Page (211)

Hard (841)

2			3			4	2	
4				6				2
		5			6		5	3
	4			4				2
1		2	2				3	2
	3				4			2
						1	2	
3			2	2	2		1	
2		4				2	3	
		3			1		2	2

Hard (842)

	3		3	1	2	2	1	1
3	5		4		3	3	4	1
		5		3	3		2	1
		6		3	2	4	3	2
3		4		2	2	3	4	
2	2	4	2	2	1		4	3
2		3		1	2	3	4	1
	5		4	3	2	3	3	2
		4			4	4		4
3		3	3		3		4	

Hard (843)

	1			2		2		
1	1			2		2	2	
		2		2				2
	1			2		4	3	2
2			1					1
2		3		1		4		
				1		3	3	
	4		4		5			3
2			4				4	
	4			3			2	2

Hard (844)

			1	1		2		2
3		3		3		4		2
	2		3					1
2			4	5			3	
			3			5		1
	2	3	2				3	
2		3			3		2	
		4	2	1			3	
2			2	1			2	
	2				2			1

Hard (845)

	2			1				
		2	2		3		4	3
1		2		2		3		1
	2		2	3			2	
3		3		2		3		
			2				4	3
	3	3	2		2			
				2		3		
2	3	2		2		2	3	
			2		2	1		1

Hard (846)

	2		2			2		
		2			2		3	
	3			1		2		
1			4			3		3
	2	2			4		2	
			5		4		4	1
2	3			2				
	3	3			3		3	
	3		1				3	
	2			2			3	2

Solution on Page (212)

Hard (847)

	2	1	2			2	3		3
1	2		2	2	3		3		
1	2	3	2	1	1	2	3	4	3
2		3		1	1	2		2	
4		5	2	2	2		4	4	2
		4		1	2			2	
3	4		4	3	3	3	4	3	2
	3	2			3		2		1
	4	2	4		3	2	3	3	2
	3		2	1	1	1		2	

Hard (848)

	2	2	3		3		3		1
3				4				2	
			2			5		2	
3		2		4			2		1
2		2					3	2	
1			3				2		
2					1		2	3	
	2	3		4		4			
2							4	3	2
	1		1	2					1

Hard (849)

	2	2		1	1	1	3		3
2	3		3	3	2		4		
2		5		3		2	3		3
2		6		4	1	1	2	3	3
3	4			4	2	2	3		
		5	4				2		4
4		4		4	4	4	4		2
	3		2	2			3	3	3
2	4	2	3	2	4	3	3		
	2		2		2		2	2	2

Hard (850)

		2		3				2	
2			1				2		2
2				2		3			
2		3	2		2			5	2
	1					4			1
1		2		3		4		3	
2				2					
	3				2			1	
2			6		3		2		2
	3								1

Hard (851)

	2				1		2		
1		4	3			3		3	2
				1		1			
			4		3			2	
3				3					2
	3	6					5		
		3						3	3
				3			4		1
2	4					2			2
1				3	1		1		

Hard (852)

2		3			3		3		
2			1	2			4		1
	1			3		4			2
	1	1					1		
2				2					
	3				2				1
	4			3		3			2
	4		3		3		2		1
	3			3	3	3		3	
2								2	

Solution on Page (212)

Hard (853)

1	2	3	4	5	6	7	8	9	10
1	2		3		2	1	1		1
	3	3		5		3	2	2	2
	4	4		4			2	2	
2			4	4	3	4		3	2
2	5			3		3	3	4	
	3			3	2		3		
2	4	3	4	2	2	2		3	2
	5		3		1	2	2	3	1
			4	3	3	2			2
3		3	2			2	1	2	1

Hard (854)

1	2	3	4	5	6	7	8	9	10
	3	1					1		1
			3		4			4	
3	4					2		2	
			2		2				
2		3		3				2	
	2					5	3		
	3	4							1
1			4		5	4			1
2		2	3			3			2
				1				2	

Hard (855)

1	2	3	4	5	6	7	8	9	10
		1	2			2	2		1
1				3			3		2
2		3	3		2				2
						2			2
4	4			4			2		1
			2			3		2	
	3			2		3	3		
	2		3		1			3	
2						4	3		
	2		2	2				2	1

Hard (856)

1	2	3	4	5	6	7	8	9	10
2				3			2		
	2				5			1	
		3							1
2			2	3		2		2	
	3	2					4		3
2			2			3			2
		2				1			2
	3			3			2		1
1		3			3				2
	1		2			3		2	

Hard (857)

1	2	3	4	5	6	7	8	9	10
	2				3		4		2
		4		4			4		3
	3	3				4		4	
1			2		3		3		
		2				2			
			1		4				4
2			1				3		2
2	2	1		3				3	
		1						3	
	1					4	3		4

Hard (858)

1	2	3	4	5	6	7	8	9	10
		2		2		2			2
1		3			3	3	4	4	
	2		2				2		
	3			2	3			3	
2			1						3
		2				4			3
1	2		3		3			5	
	2		4			3	3		
1		2		3					
				1	1			2	1

Solution on Page (212)

Hard (859)

		3				2		
	3		4	4		4	3	2
	3		2				3	2
2				4		4	4	
		4		2		2		
			4		4		3	4
	3							3
		2			4	3	2	
	4			2	2			2
1	2		1			2		1

Hard (860)

		2				2		
	4		4		2		4	3
3					3		3	
4			5	4	3			
		4					6	5
3								2
	1			5				
		2	3			3	4	
			2		2			2
1	1					1		2

Hard (861)

		1	1		4		2	
3						2		2
	2		1		4	2		
2			2	1				1
	2		2	1			3	
	2				1		4	
		2		2	2			
2			3	4		2	3	3
2					3		3	
		2	2			1		

Hard (862)

	2		2	2			2	1
		2					3	2
1				4	5		2	
2		1			3	2	3	2
		2		2		4	2	
4								1
		3			2	2		2
3		2	1					
	2		2		3	3	2	3
			1			1	1	1

Hard (863)

	2	2		2			2	1
			4			3	4	
	4	3			2			1
2			3			3	5	
	2			3				
		1		5			3	2
	2		4			5	2	
					5		3	1
3	5	3	4		5		2	
								1

Hard (864)

2			2		2	2		2
2				2				2
			3		3	4		1
		2		2	3		2	
	3				2		4	
2		2			2			
	3	2	1				4	
2			2	3			3	1
	3		3				3	2
1					3			1

Solution on Pages (212-213)

Hard (865)

	2		2				2	1
3		3		3		2	3	2
				2		1		
3			1		2			
1		2				2		2
1				2				2
2			3		1		1	
		4		2		4	3	
3	4			1				1
			1		2		3	

Hard (866)

	1		1	2				2
	1					5		2
2			1		3	3		
			1					1
4		3		2	4		2	
	3		1			2	2	
2				2			2	2
	4						1	
4			1		3		2	
		1	1				2	

Hard (867)

2	4			2		2		1
			1		2			3
4				2		3		
3			3					2
		3				4	3	
			1	3	3			1
	1			3				2
2	2				4			1
	3		4		3		2	
2				1			2	1

Hard (868)

1		2				2	2	1
	2			2			3	
1			1					3
			4		2		3	
	3			1				1
2		5		3		3		
			1	2				
2				3				3
	3	2				4		1
1			2	2		3		

Hard (869)

	2			3		2		1
		3		3		3	4	
	2	3	2		1	3		
					3			3
2		2	1		3		4	4
1			2			3		
	2				4		4	3
	2					3	2	
2			2				3	3
		3		2				1

Hard (870)

	2			1			3	
2	4				4	6		2
	3				3		3	
2			3	2		4		
3		3			1		2	
		4	2			4		2
3		4			3			1
	3			3		4		
	3	3	3		3			
	2				2		3	2

Solution on Page (213)

Hard (871)

1			2		1	2		4	2
	3	3							
3					1			6	3
4		6		4					
		5			3		4	4	2
	4								2
1			4	6		5			2
	1	1					1		2
	2			4	3		2		
			2						1

Hard (872)

1	2		2			2		1	
		2		2			2		
			1		2				2
2		3			2		2		2
3				1		2			
	4	4	2			3			2
3					2		4		2
2		4			3		5		
	4		2				5		2
	3			1					1

Hard (873)

1	2						2		
		2		1		2		3	
				3			3		
3	5			4					3
	4			5				1	
2						5	5		3
			3						
	3			3					4
2		3		4			2	4	
			1			2		3	

Hard (874)

	2		3				2	2	
2		1				1			
								4	3
	3			2		3			
2		3			3		3	4	2
	3		3	2		2			
			2			2		3	
2				1					2
	4		2				2		
		3		2				2	1

Hard (875)

2	2			1			2	3	
			1						
		1			3				4
	4				1			3	
3			2			3	4		3
		5			4				
	3		3		3			4	
	2			3			3	3	
2		3				2		3	2
	2				1				1

Hard (876)

			2				2		
2		3	3				3		2
	3		3	1			2		1
	4				2		3		
			2		1		2		
2		1				3			2
	3			3		3		2	
	5		3				1		
1				2			3		1
	3			1					1

Solution on Page (213)

Hard (877)

		2	3		2		2	
2				3		3		1
	3		3				2	
2				2		4		1
		2	2	2			4	2
3						4		3
	2	2			1			2
				2				2
	1		1			4		4
		2					2	1

Hard (878)

		2		3		3		3	2
2	3				4			4	
			5						4
		2						4		2
	2		2	2		3			2
2							5		
		2		3	3				
	2		2		3		5	4	
2		3		3				2	
		3				2	1		1

Hard (879)

		2		2			3	
3			3		3		4		2
1			3			2		3	
	4				2	3	4		
		5		2					
				4			3		2
	4	6			5	4			2
	2						3		
2		4			5		4		3
			3	2					1

Hard (880)

	1			2	2				2
2		4	4			2		2	
1						1			
	4		4			2		2	
	2			3			3		4
2		5			4		5		
			4						2
1			4	3			3	2	
	5			1	1			2	
				1				2	1

Hard (881)

		1		2		3	
	2	1		2		3	4	2
		1			3			5
2			2					
3				3		3		2
			2				2	3
3				1				
	2							2
2		3	5		4	2	3	1
								1

Hard (882)

			2		2		2	
2			3		2			3
	5					2		
		6		4		3		3
4			4		2			2
4				2			3	2
			3					1
2		4		4		5	4	3
	1			4				1
1						4	3	

Solution on Pages (213-214)

Hard (883)

		3					1	1	
4		5			3	4	2		2
2			3						
				3				2	
1		5	5				2		
	3			4	4				2
1			4			1		2	
	2	2			2		1		1
		3		4		2		3	
	3								

Hard (884)

	1	1	2		2	2		2	
2	2	1		3		3	2	4	2
	1	1	1	3	2	3		2	
2	3	2	2	2		3	2	4	2
	2			2	2	3		2	
2	4	4	3	1	1		3	4	3
2			2	2	2	2	2		
4		5		2		3	4	4	3
		5	2	4	4				1
3		3		2			4	2	1

Hard (885)

	4		2	1		2	1		
	4							2	
			1		3	4			
		2		2					1
2				2	2			4	
3			4			4			1
			3			4		5	
3	4				1			5	
		2	3	2			3		3
	2				2				

Hard (886)

	2	2		2		2		4	2
3					3				
		3				4		6	
	5		2		3		4		3
2				2					3
	3	4			2		2		
1				3		2			
		4	3				3		3
3					2	4			2
	3			2	2				1

Hard (887)

1						1	2		1
	3			2	2			2	
2			4			3		2	
		2		3					2
2			2			5			2
	2			1	2			5	
2			1						1
		3		2	3		4		1
	4			2		3			1
	3		1		1				

Hard (888)

2		3		1		2			
2		3			1			3	2
				3			3		2
		2				3			2
	3		4	5			2		2
1		2	3			2		1	
	3					1			2
1			2		2		2		1
2				2		2		3	
	1							2	

Solution on Page (214)

Hard (889)

	2		2				2	1
2			2			2		2
	2		2	1	2		4	3
			1					2
1		1		2	3			2
	2		1				3	
	1			6			4	
2		2				2		
	2			4			4	3
			2		2	1		2

Hard (890)

		3		3			2	
	2			6		2		2
1		4				2		1
				4		2	2	
3		4	3			2	2	
2			2		3			
	4				1		2	1
			2		2		2	2
	5	2	2			1	3	2
							2	

Hard (891)

1	3				1	1		
			2			5		2
		1		2				1
	4			2		5		2
3			4		3		2	
		4			5			1
2			3					1
	1		2		3		1	1
2				2		2	2	3
	2							

Hard (892)

	1	1		1			2	
		2		3			4	2
1	2	3		3				1
				6			3	
1					2	2		
	1	3		5			4	
2				2		2		3
	3		2		2		3	4
2				1		1		
		1	1				2	2

Hard (893)

	1				1		1	2
2	2	2		3		3	3	
			2			3		3
	1	1		2	1			2
			2			3		2
2		3		3		3		1
	5			3				
	5		4		3		1	
	5		4			1	2	
1							1	2

Hard (894)

						2	3	
2		4		4				2
1			2			6		2
	2		2			2		2
2				2		1		2
	4		1			4		2
	4		3			4	3	
3		3		3				1
2			3					1
	2				1	2		3

Solution on Page (214)

Hard (895)

C1	C2	C3	C4	C5	C6	C7	C8	C9
1	1			2	1			1
		3				1		3
2			1			1		4
2				2			3	
	2							5
2		1			7		4	
	1				4			3
2				2			2	2
	2	2				3		2
1			1				2	

Hard (896)

C1	C2	C3	C4	C5	C6	C7	C8	C9
		2		1			3	
	2				2			5
2		3				3	4	
3			2	1				2
2		3				1		
	2	3					2	1
	4			2				1
			3				3	
	3					1		
2	2				3	2		3

Hard (897)

C1	C2	C3	C4	C5	C6	C7	C8	C9
1				2				2
2	3			3	3		4	2
		1		2		4		
2	3	2			3			
			2				3	3
	3	2		2		2		2
2				3		4		2
	3		2		5			3
2			3		3			2
	2	1				2		1

Hard (898)

C1	C2	C3	C4	C5	C6	C7	C8	C9
	1		2			2		
3		3	1		4			2
			4			2		1
		4			5			1
	5			3			2	
1				4			2	
	3		2	2	2		2	3
2			2			4		
	3			3		3		3
	3		1		1		3	

Hard (899)

C1	C2	C3	C4	C5	C6	C7	C8	C9	C10
1	2		3		3		1	1	
1		2	4		5	2	2	2	2
2	2	2	3		3		2	2	
	2	2		2	2	3		4	2
3		3	2	2	1	3		4	2
4		3	1		1	2		4	2
		3	3	3	2	2	2	2	3
4	4	3			2	1		3	2
		3	3		2	2	2	3	
3		2	1	1	1	1	1	2	1

Hard (900)

C1	C2	C3	C4	C5	C6	C7	C8	C9	C10
			5			1	2		2
3					3	1	3		3
3	5	6		3	1	1	4		4
			3	3	2	3			
3	5	3	4			3		4	2
	2		3		4	3	3	3	2
2	3	2	3	2	3		2		
2		3	2		2	1	3	3	3
3			3	2	3	2	3		1
	3	2	2		2			2	1

Solution on Page (214)

Hard (901)

Hard (902)

Hard (903)

Hard (904)

Hard (905)

Hard (906)

Solution on Page (215)

Hard (907)

1	2	3	4	5	6	7	8	9
		1		1		1		
	1	1			2		4	3
1			3					1
	2				2	2		2
	2	3		4			2	
1			3				3	2
	3				5	4	3	
	3		2				3	2
2				4		4		2
	1				1		2	

Hard (908)

1	2	3	4	5	6	7	8	9	10
1	2	2		1	1	2	2	2	
	4		3	2	2			2	1
		4	4		4	4	4	2	1
	5			3			3		1
1	3		3	2	4		4	1	1
1	2	2	2	2	3		3	1	1
	1	2		4		4	4		1
2	3	4			3			4	3
3			4	3	3	3	5		
		3	2		1	1			3

Hard (909)

1	2	3	4	5	6	7	8	9
2	3	4		3		2	1	
					2			2
3	5			1			2	
		2			2		2	1
	1						2	
			3	5		1		
1		1			4			2
	3					2		1
	2		3	3		4		2
1		1					2	

Hard (910)

1	2	3	4	5	6	7	8	9	10
	1				3		2		
2			2	3			2		1
2	3						2	1	
		4			3				
	4			5		3		4	
			3						2
		2		1			6		
	6						5		
		3	3				4	4	3
	2			2					

Hard (911)

1	2	3	4	5	6	7	8	9
							1	1
3			6		5		4	
	2	2						1
	2		3		3		2	
3		3		3		2		2
								4
		3		4	4	3	3	
1		2				2		
2			3		2		3	2
	2				1			1

Hard (912)

1	2	3	4	5	6	7	8	9	10
	2			2		1	1		2
1	2	1	2	3	3	3	3	4	
1	1	2	1	2		3			3
2		2		3	2	5		6	
	3	4	2	3		3		4	
2		3		3	2	2	1	2	1
1	3		5		3	2	2	1	1
2	4			4			4		3
	3	3			4		5		
	3	1	1	1	2	1	3		3

Solution on Page (215)

Hard (913)

			1	1			2	
3		2			2		3	3
	2		2	2	2		2	
2				3		4		1
		2		3				1
	2		3		3			1
1		2				2	3	
2		2			3		4	2
			3		2			1

Hard (914)

2				2		1	2	2
2			2		2			
1		3		3		2		
		4			4		3	
	4					2		3
			5				4	
		3		5			5	
2					3			3
	1		2			4	4	
				2		1		

Hard (915)

1		2	1	1		1	1	2	2
2	3		3	3	3	2	2		
1		4			2		2	3	
2	2	3		5	4	2	2	2	2
	2	2	3			2	2		2
2	3		3	5		3	2		2
	3	3	4			3	2	1	1
2	3			5	5		4	3	2
	3	3		3					
	2	1	1	2	2	4		5	

Hard (916)

						3			
2		2	4	4	4		4		3
	1					3		2	
			3		3	2			
1		1		1		3		2	
	2		2			2		1	
		1	2			3			
2			2		3		3		
	3		3		3			2	
						3	2		

Hard (917)

	1		1		1			2	1
	1			2			3		
1		2					2	3	
			1			5			
	2	1		4			3		4
			2		2			4	3
1	3		3						
				3					2
	2	2		5		3		1	
1						2			1

Hard (918)

	2	4			1				1
1				4			3		1
2		6			4		3		
	3					3			1
			7		4				
	4		4			5			
3				4			2		2
	3	2						2	
2	3		4		4			3	2
	2			2			3		

Solution on Page (215)

Hard (919)

2		4			1			2
2			5		4	5		3
		3			3			
		1		2		3		
	1			4			5	
						1		
1		4			4			
	4		4	2			2	1
	4			3		3	3	
1								1

Hard (920)

	3				1		2	1
3				2	2			1
3			2		5		4	
	2							1
		1		4	5		3	
					1		3	2
2	3	1			1			1
			3		2			2
2	3	2		3		2	3	3
					2			

Hard (921)

	2		2		2		1	
	3		2		2	4		2
2			2	3	3			3
			2					2
	2	1				5		
				4	5	4		1
	1		2					2
3				3	5			1
		1				3		2
	2		1		2		2	

Hard (922)

	3							2
	4		5		4		3	2
1		5		3			1	
	3				2		2	
	2			3				2
2					4		3	3
	3		4			3		
2			3		3		5	3
	5			2			3	
				2		1		

Hard (923)

	2		1	1		2	2	
	3			3		3		
1			1	2		6		2
							3	
2	2	3		5		6		2
		4		7			1	
						4		2
2	3						2	
	2	2		3	4		4	3
	2		2			2		

Hard (924)

	3		2		2		1	
		1			2		3	
			2	1		2		2
2							2	
	5	4			3		2	1
				2				3
2	5			2				1
	3		4	2			3	
2			3				2	
	2			3		2	3	2

Solution on Pages (215-216)

Hard (925)

1	2	3	4	5	6	7	8	9
1	2		3		2		2	
				3				1
	2	3	3				1	1
		3			3			2
2			4		3			
	2			4			1	
2		2				2	1	1
	1			4	3			2
2		1		3		3		1
				2			1	

Hard (926)

1	2	3	4	5	6	7	8	9
	2		2		1		2	
2		2		3		2		2
				2	3		3	
2		2			4			2
	2		1			4		1
2		2			4			2
3				3			2	
		4						1
	4	6		4		2	3	
1				1		3		

Hard (927)

1	2	3	4	5	6	7	8	9
1	2				2	1	1	
3		4		2				2
					2	4		
3		4		2	2	3		3
	3		2			4		3
					3			2
	3	2	3			1	2	
				1		2		1
2	4	2		2			3	2
						2		

Hard (928)

1	2	3	4	5	6	7	8	9
	2	1		2			3	
1			3	2		3		3
		1					2	
	1			3				3
1					1		1	
	1			2			5	
		1			1			
2			4		2		2	2
	4			2		1		2
1							2	

Hard (929)

1	2	3	4	5	6	7	8	9
2	4				2			1
			2			3		2
			5		3		1	
3	5	5			4	3		
					2			
2	5		5	2		3	3	2
							3	
2		4		3		3		2
	3	2			2	3		4
	3		2		1			2

Hard (930)

1	2	3	4	5	6	7	8	9
	1				2	4		2
3		2			2			3
		3		3				
4			1		4	5	5	
2		3			4			2
			1		3			1
	3				3		4	
2	2	1	3				2	
					2		2	1

Solution on Page (216)

Hard (931)

1					1		3	
	4	4	4		3		5	2
3				2				
	4		4	3		3	3	2
3					4			
	4	2			4		4	
			2	3			2	
	3		1	3		2		1
2			2		3		2	
		3				1		1

Hard (932)

	2	2				2		
			1	3			3	
3		2			6			2
	1			4	5			
		2			3		7	
			3		3		7	
2		3		2	4			
2				3		3		
	2	3		3	2			2
		2				2		2

Hard (933)

	2		2	2		3		
		1				4		2
	2	3			5		4	3
1								1
			5		2		2	1
			5			3		2
	6			2			4	
3		5			3			2
2			2		1		4	
		2					3	1

Hard (934)

	3		2		2	2		2
		3					2	2
		4		5	4		2	1
4			3					
3		3					2	
			3			3		1
2					3	3	3	1
	2		5			1		1
2		1						2
					1	1	2	

Hard (935)

	2		1		3	2		
2			2		4			2
					3		3	
	2		3		2	2		2
2		2			1		2	
	3		3		2		4	2
2								
	2		2	2	3		3	2
3	4						2	1
		2		2	1			1

Hard (936)

1		1			1		3	
	3		3			1		
		2	2		2			1
				2	4		2	1
3			3					
	2		4		6		2	
2		2			3			1
			4	3	3		2	1
2		2	3				3	1
	2				2			1

Solution on Page (216)

Hard (937)

1		1			1		1	1
2		2			3		3	2
		1		3				3
	2		3					
		2		3	5	3	2	2
2				2		4		
	3		3					1
			2		2		2	
	3				1	1	2	
2		1			1		2	1

Hard (938)

	2		2		2				1
1		1				2		2	
	2	2	2			2			3
2					2			4	
		4				3			4
2			1			4	5		3
	3	3		3					
2				4		5			
4			2	4		4			1
		3	2		3		2		

Hard (939)

1			3		4			
	3	2			4		4	3
			3	2		2		1
		2					3	
	4		4	2				3
2						2		
2		4			2	1	2	2
		1		3		2		
	3	1			3		2	
2			2			1	1	1

Hard (940)

	2		2		2	1	2	2	
2	4	2	3	2	3		2		2
	2			2	2	3	3	1	1
2	3	2	2		4		3	2	1
2		2	2	2	5			2	
2		3	3		5		4	2	1
1	1	2			6		2	1	1
1	2	2	5			2	2	3	
	2		3		4	2	2		
1	2	1	2	2		1	2		3

Hard (941)

1		2			2	2		1
	3						1	1
			1		3		2	
	3			2			2	
2		4	4					
1				5		1		4
2					3		3	
	2	2	4		3		3	2
2					3		4	1
		1	2				2	1

Hard (942)

1	2			2		2		2	
	3				2			2	3
2				2		2	1		2
						2	1		1
	3	3			2		2		1
1				2			3	4	
2		3			3				
							3		2
	5	2			3		3	3	1
			2			2		2	

Solution on Pages (216-217)

Hard (943)

			1		2		1	
2		3			2		5	4
1				2	3			
1			3		2		4	
	2	2		2	4		3	
			3				1	
	3			3		2	1	1
2		3		2				
	4		2		4	4	3	2
	3						3	1

Hard (944)

	2	1	1		1		3	
				3		3		
3	3					4		4
		2			3	1		3
3	4					3		3
3					2	2	3	
			2			2		2
	3	3		1		2		
1		2				3	3	2
			2					1

Hard (945)

	2	2		2		2	2	
2			3		2			2
		3		2		2	2	1
3		3			3			2
4			2		2		2	
				2		3		
2		3					2	1
	2		1		2			1
		1			2	3	4	2
	2		1		2			

Hard (946)

		2			3		3	2
3	4		3		3		4	3
	3				2			2
2			2	1	3			
	2							3
2				2		3		
		2	3		4			2
2						4	3	
	3	2			4	2		3
1				2				2

Hard (947)

2			2				2	1
2		4		6			2	2
		4				3		
	5		5		5			2
				4		4	3	
	4					3		1
2					5		3	1
	1			6				
2					4		3	2
	2				2		1	1

Hard (948)

	2		2	1			2	
2		2			2			1
				3			2	
1					3	5		2
	2		3		1			2
2			2			3	4	
2		3		2		3		
			3		3	3		
	5		5		3		1	1
	4				2		2	1

Solution on Page (217)

Hard (949)

1	2	3	4	5	6	7	8	9
		3	2			2		
2				2	2		3	3
	3		2					2
		2					5	3
	5	4		3		2		
		3			2		3	3
			2	2			1	1
	2						2	
2			2	2		2		1
		3			2			

Hard (950)

1	2	3	4	5	6	7	8	9
	3		4			3	2	
3	5		5			3		
		3			4			2
	3			3		3		2
					3		4	
			3		2			2
3		2	1		4			2
	3		2		2	4	4	
2				3		3	2	
			2					1

Hard (951)

1	2	3	4	5	6	7	8	9
	1			3			2	1
2				4		3		2
1					3	5		
	2			4		3	2	
	3	4				2		
4				4		3		1
		4	3		3			1
	4		3	3		4	4	
2			2		2		3	2
	2					1		

Hard (952)

1	2	3	4	5	6	7	8	9
1			5		3	2	1	1
1	4				5	2	3	2
2	5				4		2	3
			6		3	2	3	4
			4	2	2	1		3
3		3	2		2	2	4	2
2	3	2	3	2	3	3	2	2
	2		2		3	2	3	1
2	4	2	4	2	4	3	2	2
	2		2		3		2	1

Hard (953)

1	2	3	4	5	6	7	8	9
2					2		2	
4			4		2	3		2
			2		2			1
		4		2	3	2		
	2		2					
				2	3			3
		2				6		2
2	3		3		4		3	
		2			3	3		2
1	2			1		3		2

Hard (954)

1	2	3	4	5	6	7	8	9
1	2			1	3		1	1
2						3		1
		1	1		4	2	2	
	3		1		3			
3		4		4	3			2
								2
	5	5		4	3		3	
3			3		4			2
				4		5		2
	2	3			4			1

Solution on Page (217)

Hard (955)

1	2	3	4	5	6	7	8	9
2	3	2	2		1			
						2	3	
			2	1		2		2
3	4	2			3			
						1		1
3			5		3		3	4
	2		3					
2			3			2		2
	2	2		3			3	
1				2	2	2		

Hard (956)

1	2	3	4	5	6	7	8	9
	2	2		2			1	
2			2		3	3		1
	3	3				3		3
			2			3	3	
	2		2					3
1	1		2		2		2	
		2	2			2	2	2
2				1	1			3
	2			3		2		
	1						2	2

Hard (957)

1	2	3	4	5	6	7	8	9
1				3			1	
	2	3		4		2		
	3			4				2
2			4		2			1
3				2		2		3
					1			
		5	6	3		3	5	
	2			4				
2			6			4	5	4
	1		2		3			

Hard (958)

1	2	3	4	5	6	7	8	9
	2		2		2			1
3		3			3		2	
			1		2			2
	4	4				1		
2			1		1		3	
2				4		1		
	3						3	
	3	2			3			2
3			1	2			2	
		1			3		2	1

Hard (959)

1	2	3	4	5	6	7	8	9
	2		2			2	3	2
	3			4			4	
	3	4		3		3		4
2				3			5	
				3		2		
2		3						
	2		5		3	2	4	2
1		3		1				
	3			3			3	2
		1			2		1	

Hard (960)

1	2	3	4	5	6	7	8	9
	2		3		2	1	1	
2	3			2		3	3	2
	4	3						
			2		3	4	4	3
	3		3	1				
1					2		3	2
		2			2		2	
2	2			4			2	
		2	2			2	2	2
	1			2	1		1	

Solution on Page (217)

Hard (961)

	1			2		1		2	2
2					3		2		
		3	4						3
2					2				2
2			2	2			3		
	2				1		1	2	2
2				3			3		
	3	2				5			2
2	3		4		7			4	
	2						3		

Hard (962)

1			2			2	2		1
	2		2		2			3	
3			2			2	3		3
		1							
	4	4			1				4
2				3		4			3
	4		3					4	
2						2			2
	3	3	2	3				2	
	2		2				3		

Hard (963)

2			1		2	2		2	
2			2						2
2				4	3	3			2
		2	2				1		
				2		3		2	
	4				2				
	4		2			3	4		
		3	3		2			2	
			3			4	3	3	2
2	3		3						1

Hard (964)

	2			2	3			2	
2		3				4			1
	2			4	4			4	
	3	3				4		3	
1				3		3			3
			4				1		
				2		2		4	4
2		1			2		3		
	2		2		2			4	3
				1			2		1

Hard (965)

		3		1					2
3			2		1			5	
	2				2			4	
		3		3		2	3		
1		2							
1			2		1		4		4
		1	2	3		1			2
2		3				2		3	
	2			4	2			2	
						2			1

Hard (966)

		1		1		2		2	
	3				2		1		1
1		3						3	
	2		1				3		
3		3		4		6		4	
		6			5				
						2	4		
	4		5		3		2		2
2					2				2
	3	2				1	1		

Hard (967)

	5		3	2		2			3
				3	1	2	3		
3	4	5		5	2	1	2	5	
	1	3				3	2		
2	3	4		5			3	3	3
2			3	3	4		2	1	
	4	3	2		2	1	1	1	1
2		1	2	2	3	2	2	2	1
2	3	2	2		3			2	
	2		2	1	3		3	2	1

Hard (968)

	1	1	1				1		
3				2		3		2	1
		2		2		4			
3		2				3			1
	2			2		4			2
		3		3			2		
		5		5		5		2	1
4				4					1
2		5			2				1
		2				2	2		

Hard (969)

1		2		2				1
	1				3		4	
1			3			4		4
				6		5		
	1			5		7		4
2			3					2
	2		2		4			1
	3	2				4		
1				4	5		4	2
	1							1

Hard (970)

	3	2		2		1	1	
			1		2		1	
2		3		2			2	
2					2		2	
								2
3		4			3		3	
3			1	2		2		
	2				5			3
				2			2	
1	1		1		2			1

Hard (971)

	2		3	2			3	2
2		3			5	5		2
			4					
	3						3	
1		2		2		2	3	4
	3			4				2
	2			3			3	
1					6		4	3
	4						3	
				2	3		4	

Hard (972)

	2		1	1		3		4
		1			2			2
	2							
2			4			2	3	2
		2						1
2			3	3		3		
3					5			
		6	4		2			2
3				4			5	3
	2			3		3		

Solution on Page (218)

Hard (973)

1	2	3	4	5	6	7	8	9	10
1		1	2		3	3	3		
	4								2
				4					2
	4	2		2	3	3		3	
3					1				1
			4	2				3	
							2		1
	3		3		3	3			1
	2	3		4					
			3				1	2	

Hard (974)

1	2	3	4	5	6	7	8	9	10
		2	1				2		2
3		2		3		3		4	
	3				2		2		
	4		3		3			4	
2				2					4
	4	4					4		
3			3			4		6	
3		6		4			4		
3			2				4	3	
		2		1	2				1

Hard (975)

1	2	3	4	5	6	7	8	9	10
1		1				1		2	2
	2			2		2			
	1		2		2		3		3
3								2	
			4		4				1
	4			2			3	2	
		1				2			
2				2			2		1
	3	2	3		3		2		2
				1					

Hard (976)

1	2	3	4	5	6	7	8	9	10
	2		2		2	1	1		
	2							3	
	2			1		1			
3			3				1		
3		5							3
			4		4		3		2
2		4			3		3		
	3		2		3			2	
1			3	2			2		1
	2				1				1

Hard (977)

1	2	3	4	5	6	7	8	9	10
1	2		1		2		2	2	
	2		2			3			2
1			1		3		2	3	
				4					
	3	2		3			4		2
			2		3	3		2	
1	3				2				1
				2			3		
1		3	4		3	3			
	2							4	2

Hard (978)

1	2	3	4	5	6	7	8	9	10
	2			2		1		1	
2		4	4		2	2			2
	2			5				4	
	2					5			2
		3					3		
			5		7	4			
	2							2	
		3		3		3			2
1					2		2		1
	2			1	2				1

Solution on Page (218)

Hard (979)

		2	3		3		1	2	
2						2			
2				6	3	2		3	3
	2								
		5		5					3
					2		2	2	
	6			3	2		2		2
2		2	1						
	3	3		2		3	2	3	
					2				

Hard (980)

	3			2			4	4	
		2	2						
	3			3		6	5		3
2				2		3		2	
		1				4	3		2
1		1							2
	1			3				3	2
			1			2			2
2	2	1	1			2	4	3	
						2			1

Hard (981)

	1	1		3	3	3		3	
2			4					2	
	2				7	7			
		3					4		
1				4	4			2	
	2		2			2		2	
	1	2					2		
2			2		2				
3		3			2	2		2	
						1			2

Hard (982)

		1			3			3	
	5		4	3					2
		2	1			2	3		
3	4								2
	2				3				
		4		1		3			
	4		4		4		4		
1	2		4						
	3				2	4	2		
	2		3	2					

Hard (983)

2	2	2		1	2		4		2
		2	1	1	2			4	
3	3	1	1	2	4	5		4	2
	2	1	3				2	3	
2	3		4		6	3	1	2	
	3	2	4			3	2	4	3
1	3		5	6		5			
1	3					5			5
	3	4		5	4		5		
2		2	2		2	2		4	

Hard (984)

2	3		1	1	1		1		
	3				3		3		
	5						4	2	
4		6		4	2		4		
				3					4
	7		3		2	2	3		
	4						4		
2							1		
1			3	3	2				
	1			2				2	1

Hard (985)

Hard (986)

Hard (987)

Hard (988)

Hard (989)

Hard (990)

Solution on Page (219)

Hard (991)

1	1	2		2	1	2		2	
1		3	2	4		5	4	5	3
1	1	3		5					
1	1	3			4				5
2		3	3	2	2	3	6		
	4		4	3	2	3			3
2	5					3		4	2
1			5	3	3	4	4	5	
2	4		4	2	3				
	2	2				3		5	3

Hard (992)

1			1	2		3	2	3	2
2	3	3	1	2		3			
2		3	2	2	2	2	4		5
2			2		2	1	2		
2	3	3	4	4		2	2	4	3
	1	2			2	2		2	
2	2	2		3	2	2	2	3	2
	1	1	1	1	2		3	3	
2	2	1	1	1	2			4	
	1	1		1	1	2	2	3	

Hard (993)

		2				2			
	4			5			3		2
			3		4	3			3
3				2			4		
	4		5						3
3				4		1		2	
			3		3				2
2	2			4		2			4
			2				4		
	1	1		3				4	

Hard (994)

	2		2					3	
1		2			2				1
	2		2		1		3		1
		2		2		2		2	
2			4		3		2		
	1					2		3	
3		4					3		
				4	2		2		2
3		4		3	3	2		2	
	1						2		1

Hard (995)

1		2		2		2		2	
	2			3		4			2
			2			3		2	
2	3	1					3		
					5				1
		2				2		3	
3	3				2			2	
		4		4			3		3
2				5					
	2	2			3			2	2

Hard (996)

1							3		1
	2	2			5			2	
2	2		4			4	2		
				5		4		3	2
2		2		3		4		4	
	2		2						4
2		2				1			
	2			2		1			3
2		3	2				2		1
		2		2			2		

Solution on Page (219)

Hard (997)

1	1	1	1	1	2		2		1
3		3	3		4	2	4	2	2
		4			5		3		1
3	4		4		5		3	1	1
	3	2	3	2		3	2	2	1
2	3		2	3	2	3		3	
	2	2		2		2	2	4	
3	3	2	2	3	3	2	2		2
		4	3		2		3	2	2
3				2	2	1	2		1

Hard (998)

					2		1		1
4			3	4		4		3	
2		3			4				3
			2						
	2			2	4		5		
2			2					3	
		1			3			3	2
	4		1		2		2	2	
	4	2		1			1		2
1						2			

Hard (999)

	2		2	1					1
2					4	3		2	
1		2	2	3					1
	2				4		3	2	
			2	3					
2	2	1		2		4		3	2
		1		2			3		1
		1						2	2
2	3		5			3			1
	2						2		

Hard (1000)

2		1		1				2	
	2		2				3		1
2		1			4		2	2	1
	1					1			
2		2	3					4	
	1								1
			2		3		2		
	3		3		3			3	
		2			5	2	3		
	2		3					2	2

Solution on Page (219)

::::: *Puzzle (1)* ::::: ::::: *Puzzle (2)* ::::: ::::: *Puzzle (3)* ::::: ::::: *Puzzle (4)* :::::

::::: *Puzzle (5)* ::::: ::::: *Puzzle (6)* ::::: ::::: *Puzzle (7)* ::::: ::::: *Puzzle (8)* :::::

::::: *Puzzle (9)* ::::: ::::: *Puzzle (10)* ::::: ::::: *Puzzle (11)* ::::: ::::: *Puzzle (12)* :::::

::::: *Puzzle (13)* ::::: ::::: *Puzzle (14)* ::::: ::::: *Puzzle (15)* ::::: ::::: *Puzzle (16)* :::::

::::: *Puzzle (17)* ::::: ::::: *Puzzle (18)* ::::: ::::: *Puzzle (19)* ::::: ::::: *Puzzle (20)* :::::

::::: *Puzzle (21)* :::::　　::::: *Puzzle (22)* :::::　　::::: *Puzzle (23)* :::::　　::::: *Puzzle (24)* :::::

::::: *Puzzle (25)* :::::　　::::: *Puzzle (26)* :::::　　::::: *Puzzle (27)* :::::　　::::: *Puzzle (28)* :::::

::::: *Puzzle (29)* :::::　　::::: *Puzzle (30)* :::::　　::::: *Puzzle (31)* :::::　　::::: *Puzzle (32)* :::::

::::: *Puzzle (33)* :::::　　::::: *Puzzle (34)* :::::　　::::: *Puzzle (35)* :::::　　::::: *Puzzle (36)* :::::

::::: *Puzzle (37)* :::::　　::::: *Puzzle (38)* :::::　　::::: *Puzzle (39)* :::::　　::::: *Puzzle (40)* :::::

::::: *Puzzle (41)* ::::: ::::: *Puzzle (42)* ::::: ::::: *Puzzle (43)* ::::: ::::: *Puzzle (44)* :::::

::::: *Puzzle (45)* ::::: ::::: *Puzzle (46)* ::::: ::::: *Puzzle (47)* ::::: ::::: *Puzzle (48)* :::::

::::: *Puzzle (49)* ::::: ::::: *Puzzle (50)* ::::: ::::: *Puzzle (51)* ::::: ::::: *Puzzle (52)* :::::

::::: *Puzzle (53)* ::::: ::::: *Puzzle (54)* ::::: ::::: *Puzzle (55)* ::::: ::::: *Puzzle (56)* :::::

::::: *Puzzle (57)* ::::: ::::: *Puzzle (58)* ::::: ::::: *Puzzle (59)* ::::: ::::: *Puzzle (60)* :::::

::::: Puzzle (61) ::::: *::::: Puzzle (62) :::::* *::::: Puzzle (63) :::::* *::::: Puzzle (64) :::::*

::::: Puzzle (65) ::::: *::::: Puzzle (66) :::::* *::::: Puzzle (67) :::::* *::::: Puzzle (68) :::::*

::::: Puzzle (69) ::::: *::::: Puzzle (70) :::::* *::::: Puzzle (71) :::::* *::::: Puzzle (72) :::::*

::::: Puzzle (73) ::::: *::::: Puzzle (74) :::::* *::::: Puzzle (75) :::::* *::::: Puzzle (76) :::::*

::::: Puzzle (77) ::::: *::::: Puzzle (78) :::::* *::::: Puzzle (79) :::::* *::::: Puzzle (80) :::::*

::::: *Puzzle (81)* ::::: ::::: *Puzzle (82)* ::::: ::::: *Puzzle (83)* ::::: ::::: *Puzzle (84)* :::::

::::: *Puzzle (85)* ::::: ::::: *Puzzle (86)* ::::: ::::: *Puzzle (87)* ::::: ::::: *Puzzle (88)* :::::

::::: *Puzzle (89)* ::::: ::::: *Puzzle (90)* ::::: ::::: *Puzzle (91)* ::::: ::::: *Puzzle (92)* :::::

::::: *Puzzle (93)* ::::: ::::: *Puzzle (94)* ::::: ::::: *Puzzle (95)* ::::: ::::: *Puzzle (96)* :::::

::::: *Puzzle (97)* ::::: ::::: *Puzzle (98)* ::::: ::::: *Puzzle (99)* ::::: ::::: *Puzzle (100)* :::::

::::: *Puzzle (101)* ::::: ::::: *Puzzle (102)* ::::: ::::: *Puzzle (103)* ::::: ::::: *Puzzle (104)* :::::

::::: *Puzzle (105)* ::::: ::::: *Puzzle (106)* ::::: ::::: *Puzzle (107)* ::::: ::::: *Puzzle (108)* :::::

::::: *Puzzle (109)* ::::: ::::: *Puzzle (110)* ::::: ::::: *Puzzle (111)* ::::: ::::: *Puzzle (112)* :::::

::::: *Puzzle (113)* ::::: ::::: *Puzzle (114)* ::::: ::::: *Puzzle (115)* ::::: ::::: *Puzzle (116)* :::::

::::: *Puzzle (117)* ::::: ::::: *Puzzle (118)* ::::: ::::: *Puzzle (119)* ::::: ::::: *Puzzle (120)* :::::

::::: *Puzzle (121)* :::::   ::::: *Puzzle (122)* :::::   ::::: *Puzzle (123)* :::::   ::::: *Puzzle (124)* :::::

::::: *Puzzle (125)* :::::   ::::: *Puzzle (126)* :::::   ::::: *Puzzle (127)* :::::   ::::: *Puzzle (128)* :::::

::::: *Puzzle (129)* :::::   ::::: *Puzzle (130)* :::::   ::::: *Puzzle (131)* :::::   ::::: *Puzzle (132)* :::::

::::: *Puzzle (133)* :::::   ::::: *Puzzle (134)* :::::   ::::: *Puzzle (135)* :::::   ::::: *Puzzle (136)* :::::

::::: *Puzzle (137)* :::::   ::::: *Puzzle (138)* :::::   ::::: *Puzzle (139)* :::::   ::::: *Puzzle (140)* :::::

::::: *Puzzle (141)* ::::: ::::: *Puzzle (142)* ::::: ::::: *Puzzle (143)* ::::: ::::: *Puzzle (144)* :::::

::::: *Puzzle (145)* ::::: ::::: *Puzzle (146)* ::::: ::::: *Puzzle (147)* ::::: ::::: *Puzzle (148)* :::::

::::: *Puzzle (149)* ::::: ::::: *Puzzle (150)* ::::: ::::: *Puzzle (151)* ::::: ::::: *Puzzle (152)* :::::

::::: *Puzzle (153)* ::::: ::::: *Puzzle (154)* ::::: ::::: *Puzzle (155)* ::::: ::::: *Puzzle (156)* :::::

::::: *Puzzle (157)* ::::: ::::: *Puzzle (158)* ::::: ::::: *Puzzle (159)* ::::: ::::: *Puzzle (160)* :::::

:::::: *Puzzle (161)* ::::: :::::: *Puzzle (162)* ::::: :::::: *Puzzle (163)* ::::: :::::: *Puzzle (164)* :::::

:::::: *Puzzle (165)* ::::: :::::: *Puzzle (166)* ::::: :::::: *Puzzle (167)* ::::: :::::: *Puzzle (168)* :::::

:::::: *Puzzle (169)* ::::: :::::: *Puzzle (170)* ::::: :::::: *Puzzle (171)* ::::: :::::: *Puzzle (172)* :::::

:::::: *Puzzle (173)* ::::: :::::: *Puzzle (174)* ::::: :::::: *Puzzle (175)* ::::: :::::: *Puzzle (176)* :::::

:::::: *Puzzle (177)* ::::: :::::: *Puzzle (178)* ::::: :::::: *Puzzle (179)* ::::: :::::: *Puzzle (180)* :::::

::::: *Puzzle (181)* :::::   ::::: *Puzzle (182)* :::::   ::::: *Puzzle (183)* :::::   ::::: *Puzzle (184)* :::::

::::: *Puzzle (185)* :::::   ::::: *Puzzle (186)* :::::   ::::: *Puzzle (187)* :::::   ::::: *Puzzle (188)* :::::

::::: *Puzzle (189)* :::::   ::::: *Puzzle (190)* :::::   ::::: *Puzzle (191)* :::::   ::::: *Puzzle (192)* :::::

::::: *Puzzle (193)* :::::   ::::: *Puzzle (194)* :::::   ::::: *Puzzle (195)* :::::   ::::: *Puzzle (196)* :::::

::::: *Puzzle (197)* :::::   ::::: *Puzzle (198)* :::::   ::::: *Puzzle (199)* :::::   ::::: *Puzzle (200)* :::::

::::: *Puzzle (201)* ::::: ::::: *Puzzle (202)* ::::: ::::: *Puzzle (203)* ::::: ::::: *Puzzle (204)* :::::

::::: *Puzzle (205)* ::::: ::::: *Puzzle (206)* ::::: ::::: *Puzzle (207)* ::::: ::::: *Puzzle (208)* :::::

::::: *Puzzle (209)* ::::: ::::: *Puzzle (210)* ::::: ::::: *Puzzle (211)* ::::: ::::: *Puzzle (212)* :::::

::::: *Puzzle (213)* ::::: ::::: *Puzzle (214)* ::::: ::::: *Puzzle (215)* ::::: ::::: *Puzzle (216)* :::::

::::: *Puzzle (217)* ::::: ::::: *Puzzle (218)* ::::: ::::: *Puzzle (219)* ::::: ::::: *Puzzle (220)* :::::

::::: *Puzzle (221)* ::::: ::::: *Puzzle (222)* ::::: ::::: *Puzzle (223)* ::::: ::::: *Puzzle (224)* :::::

::::: *Puzzle (225)* ::::: ::::: *Puzzle (226)* ::::: ::::: *Puzzle (227)* ::::: ::::: *Puzzle (228)* :::::

::::: *Puzzle (229)* ::::: ::::: *Puzzle (230)* ::::: ::::: *Puzzle (231)* ::::: ::::: *Puzzle (232)* :::::

::::: *Puzzle (233)* ::::: ::::: *Puzzle (234)* ::::: ::::: *Puzzle (235)* ::::: ::::: *Puzzle (236)* :::::

::::: *Puzzle (237)* ::::: ::::: *Puzzle (238)* ::::: ::::: *Puzzle (239)* ::::: ::::: *Puzzle (240)* :::::

::::: *Puzzle (241)* ::::: ::::: *Puzzle (242)* ::::: ::::: *Puzzle (243)* ::::: ::::: *Puzzle (244)* :::::

::::: *Puzzle (245)* ::::: ::::: *Puzzle (246)* ::::: ::::: *Puzzle (247)* ::::: ::::: *Puzzle (248)* :::::

::::: *Puzzle (249)* ::::: ::::: *Puzzle (250)* ::::: ::::: *Puzzle (251)* ::::: ::::: *Puzzle (252)* :::::

::::: *Puzzle (253)* ::::: ::::: *Puzzle (254)* ::::: ::::: *Puzzle (255)* ::::: ::::: *Puzzle (256)* :::::

::::: *Puzzle (257)* ::::: ::::: *Puzzle (258)* ::::: ::::: *Puzzle (259)* ::::: ::::: *Puzzle (260)* :::::

::::: *Puzzle (261)* ::::: ::::: *Puzzle (262)* ::::: ::::: *Puzzle (263)* ::::: ::::: *Puzzle (264)* :::::

::::: *Puzzle (265)* ::::: ::::: *Puzzle (266)* ::::: ::::: *Puzzle (267)* ::::: ::::: *Puzzle (268)* :::::

::::: *Puzzle (269)* ::::: ::::: *Puzzle (270)* ::::: ::::: *Puzzle (271)* ::::: ::::: *Puzzle (272)* :::::

::::: *Puzzle (273)* ::::: ::::: *Puzzle (274)* ::::: ::::: *Puzzle (275)* ::::: ::::: *Puzzle (276)* :::::

::::: *Puzzle (277)* ::::: ::::: *Puzzle (278)* ::::: ::::: *Puzzle (279)* ::::: ::::: *Puzzle (280)* :::::

::::: *Puzzle (281)* ::::: ::::: *Puzzle (282)* ::::: ::::: *Puzzle (283)* ::::: ::::: *Puzzle (284)* :::::

::::: *Puzzle (285)* ::::: ::::: *Puzzle (286)* ::::: ::::: *Puzzle (287)* ::::: ::::: *Puzzle (288)* :::::

::::: *Puzzle (289)* ::::: ::::: *Puzzle (290)* ::::: ::::: *Puzzle (291)* ::::: ::::: *Puzzle (292)* :::::

::::: *Puzzle (293)* ::::: ::::: *Puzzle (294)* ::::: ::::: *Puzzle (295)* ::::: ::::: *Puzzle (296)* :::::

::::: *Puzzle (297)* ::::: ::::: *Puzzle (298)* ::::: ::::: *Puzzle (299)* ::::: ::::: *Puzzle (300)* :::::

::::: *Puzzle (301)* ::::: ::::: *Puzzle (302)* ::::: ::::: *Puzzle (303)* ::::: ::::: *Puzzle (304)* :::::

::::: *Puzzle (305)* ::::: ::::: *Puzzle (306)* ::::: ::::: *Puzzle (307)* ::::: ::::: *Puzzle (308)* :::::

::::: *Puzzle (309)* ::::: ::::: *Puzzle (310)* ::::: ::::: *Puzzle (311)* ::::: ::::: *Puzzle (312)* :::::

::::: *Puzzle (313)* ::::: ::::: *Puzzle (314)* ::::: ::::: *Puzzle (315)* ::::: ::::: *Puzzle (316)* :::::

::::: *Puzzle (317)* ::::: ::::: *Puzzle (318)* ::::: ::::: *Puzzle (319)* ::::: ::::: *Puzzle (320)* :::::

::::: *Puzzle (325)* ::::: ::::: *Puzzle (326)* ::::: ::::: *Puzzle (327)* ::::: ::::: *Puzzle (328)* :::::

::::: *Puzzle (329)* ::::: ::::: *Puzzle (330)* ::::: ::::: *Puzzle (331)* ::::: ::::: *Puzzle (332)* :::::

::::: *Puzzle (333)* ::::: ::::: *Puzzle (334)* ::::: ::::: *Puzzle (335)* ::::: ::::: *Puzzle (336)* :::::

::::: *Puzzle (337)* ::::: ::::: *Puzzle (338)* ::::: ::::: *Puzzle (339)* ::::: ::::: *Puzzle (340)* :::::

::::: *Puzzle (341)* :::::   ::::: *Puzzle (342)* :::::   ::::: *Puzzle (343)* :::::   ::::: *Puzzle (344)* :::::

::::: *Puzzle (345)* :::::   ::::: *Puzzle (346)* :::::   ::::: *Puzzle (347)* :::::   ::::: *Puzzle (348)* :::::

::::: *Puzzle (349)* :::::   ::::: *Puzzle (350)* :::::   ::::: *Puzzle (351)* :::::   ::::: *Puzzle (352)* :::::

::::: *Puzzle (353)* :::::   ::::: *Puzzle (354)* :::::   ::::: *Puzzle (355)* :::::   ::::: *Puzzle (356)* :::::

::::: *Puzzle (357)* :::::   ::::: *Puzzle (358)* :::::   ::::: *Puzzle (359)* :::::   ::::: *Puzzle (360)* :::::

::::: *Puzzle (361)* ::::: ::::: *Puzzle (362)* ::::: ::::: *Puzzle (363)* ::::: ::::: *Puzzle (364)* :::::

::::: *Puzzle (365)* ::::: ::::: *Puzzle (366)* ::::: ::::: *Puzzle (367)* ::::: ::::: *Puzzle (368)* :::::

::::: *Puzzle (369)* ::::: ::::: *Puzzle (370)* ::::: ::::: *Puzzle (371)* ::::: ::::: *Puzzle (372)* :::::

::::: *Puzzle (373)* ::::: ::::: *Puzzle (374)* ::::: ::::: *Puzzle (375)* ::::: ::::: *Puzzle (376)* :::::

::::: *Puzzle (377)* ::::: ::::: *Puzzle (378)* ::::: ::::: *Puzzle (379)* ::::: ::::: *Puzzle (380)* :::::

::::: *Puzzle (381)* :::::　::::: *Puzzle (382)* :::::　::::: *Puzzle (383)* :::::　::::: *Puzzle (384)* :::::

::::: *Puzzle (385)* :::::　::::: *Puzzle (386)* :::::　::::: *Puzzle (387)* :::::　::::: *Puzzle (388)* :::::

::::: *Puzzle (389)* :::::　::::: *Puzzle (390)* :::::　::::: *Puzzle (391)* :::::　::::: *Puzzle (392)* :::::

::::: *Puzzle (393)* :::::　::::: *Puzzle (394)* :::::　::::: *Puzzle (395)* :::::　::::: *Puzzle (396)* :::::

::::: *Puzzle (397)* :::::　::::: *Puzzle (398)* :::::　::::: *Puzzle (399)* :::::　::::: *Puzzle (400)* :::::

::::: *Puzzle (405)* :::::   ::::: *Puzzle (406)* :::::   ::::: *Puzzle (407)* :::::   ::::: *Puzzle (408)* :::::

::::: *Puzzle (409)* :::::   ::::: *Puzzle (410)* :::::   ::::: *Puzzle (411)* :::::   ::::: *Puzzle (412)* :::::

::::: *Puzzle (413)* :::::   ::::: *Puzzle (414)* :::::   ::::: *Puzzle (415)* :::::   ::::: *Puzzle (416)* :::::

::::: *Puzzle (417)* :::::   ::::: *Puzzle (418)* :::::   ::::: *Puzzle (419)* :::::   ::::: *Puzzle (420)* :::::

| ::::: *Puzzle (421)* ::::: | ::::: *Puzzle (422)* ::::: | ::::: *Puzzle (423)* ::::: | ::::: *Puzzle (424)* ::::: |

| ::::: *Puzzle (425)* ::::: | ::::: *Puzzle (426)* ::::: | ::::: *Puzzle (427)* ::::: | ::::: *Puzzle (428)* ::::: |

| ::::: *Puzzle (429)* ::::: | ::::: *Puzzle (430)* ::::: | ::::: *Puzzle (431)* ::::: | ::::: *Puzzle (432)* ::::: |

| ::::: *Puzzle (433)* ::::: | ::::: *Puzzle (434)* ::::: | ::::: *Puzzle (435)* ::::: | ::::: *Puzzle (436)* ::::: |

| ::::: *Puzzle (437)* ::::: | ::::: *Puzzle (438)* ::::: | ::::: *Puzzle (439)* ::::: | ::::: *Puzzle (440)* ::::: |

::::: *Puzzle (441)* ::::: ::::: *Puzzle (442)* ::::: ::::: *Puzzle (443)* ::::: ::::: *Puzzle (444)* :::::

::::: *Puzzle (445)* ::::: ::::: *Puzzle (446)* ::::: ::::: *Puzzle (447)* ::::: ::::: *Puzzle (448)* :::::

::::: *Puzzle (449)* ::::: ::::: *Puzzle (450)* ::::: ::::: *Puzzle (451)* ::::: ::::: *Puzzle (452)* :::::

::::: *Puzzle (453)* ::::: ::::: *Puzzle (454)* ::::: ::::: *Puzzle (455)* ::::: ::::: *Puzzle (456)* :::::

::::: *Puzzle (457)* ::::: ::::: *Puzzle (458)* ::::: ::::: *Puzzle (459)* ::::: ::::: *Puzzle (460)* :::::

::::: *Puzzle (461)* ::::: ::::: *Puzzle (462)* ::::: ::::: *Puzzle (463)* ::::: ::::: *Puzzle (464)* :::::

::::: *Puzzle (465)* ::::: ::::: *Puzzle (466)* ::::: ::::: *Puzzle (467)* ::::: ::::: *Puzzle (468)* :::::

::::: *Puzzle (469)* ::::: ::::: *Puzzle (470)* ::::: ::::: *Puzzle (471)* ::::: ::::: *Puzzle (472)* :::::

::::: *Puzzle (473)* ::::: ::::: *Puzzle (474)* ::::: ::::: *Puzzle (475)* ::::: ::::: *Puzzle (476)* :::::

::::: *Puzzle (477)* ::::: ::::: *Puzzle (478)* ::::: ::::: *Puzzle (479)* ::::: ::::: *Puzzle (480)* :::::

::::: *Puzzle (481)* ::::: ::::: *Puzzle (482)* ::::: ::::: *Puzzle (483)* ::::: ::::: *Puzzle (484)* :::::

::::: *Puzzle (485)* ::::: ::::: *Puzzle (486)* ::::: ::::: *Puzzle (487)* ::::: ::::: *Puzzle (488)* :::::

::::: *Puzzle (489)* ::::: ::::: *Puzzle (490)* ::::: ::::: *Puzzle (491)* ::::: ::::: *Puzzle (492)* :::::

::::: *Puzzle (493)* ::::: ::::: *Puzzle (494)* ::::: ::::: *Puzzle (495)* ::::: ::::: *Puzzle (496)* :::::

::::: *Puzzle (497)* ::::: ::::: *Puzzle (498)* ::::: ::::: *Puzzle (499)* ::::: ::::: *Puzzle (500)* :::::

::::: *Puzzle (501)* ::::: ::::: *Puzzle (502)* ::::: ::::: *Puzzle (503)* ::::: ::::: *Puzzle (504)* :::::

::::: *Puzzle (505)* ::::: ::::: *Puzzle (506)* ::::: ::::: *Puzzle (507)* ::::: ::::: *Puzzle (508)* :::::

::::: *Puzzle (509)* ::::: ::::: *Puzzle (510)* ::::: ::::: *Puzzle (511)* ::::: ::::: *Puzzle (512)* :::::

::::: *Puzzle (513)* ::::: ::::: *Puzzle (514)* ::::: ::::: *Puzzle (515)* ::::: ::::: *Puzzle (516)* :::::

::::: *Puzzle (517)* ::::: ::::: *Puzzle (518)* ::::: ::::: *Puzzle (519)* ::::: ::::: *Puzzle (520)* :::::

:::::: *Puzzle (521)* :::::: :::::: *Puzzle (522)* :::::: :::::: *Puzzle (523)* :::::: :::::: *Puzzle (524)* ::::::

:::::: *Puzzle (525)* :::::: :::::: *Puzzle (526)* :::::: :::::: *Puzzle (527)* :::::: :::::: *Puzzle (528)* ::::::

:::::: *Puzzle (529)* :::::: :::::: *Puzzle (530)* :::::: :::::: *Puzzle (531)* :::::: :::::: *Puzzle (532)* ::::::

:::::: *Puzzle (533)* :::::: :::::: *Puzzle (534)* :::::: :::::: *Puzzle (535)* :::::: :::::: *Puzzle (536)* ::::::

:::::: *Puzzle (537)* :::::: :::::: *Puzzle (538)* :::::: :::::: *Puzzle (539)* :::::: :::::: *Puzzle (540)* ::::::

::::: *Puzzle (541)* ::::: ::::: *Puzzle (542)* ::::: ::::: *Puzzle (543)* ::::: ::::: *Puzzle (544)* :::::

::::: *Puzzle (545)* ::::: ::::: *Puzzle (546)* ::::: ::::: *Puzzle (547)* ::::: ::::: *Puzzle (548)* :::::

::::: *Puzzle (549)* ::::: ::::: *Puzzle (550)* ::::: ::::: *Puzzle (551)* ::::: ::::: *Puzzle (552)* :::::

::::: *Puzzle (553)* ::::: ::::: *Puzzle (554)* ::::: ::::: *Puzzle (555)* ::::: ::::: *Puzzle (556)* :::::

::::: *Puzzle (557)* ::::: ::::: *Puzzle (558)* ::::: ::::: *Puzzle (559)* ::::: ::::: *Puzzle (560)* :::::

::::: *Puzzle (561)* ::::: ::::: *Puzzle (562)* ::::: ::::: *Puzzle (563)* ::::: ::::: *Puzzle (564)* :::::

::::: *Puzzle (565)* ::::: ::::: *Puzzle (566)* ::::: ::::: *Puzzle (567)* ::::: ::::: *Puzzle (568)* :::::

::::: *Puzzle (569)* ::::: ::::: *Puzzle (570)* ::::: ::::: *Puzzle (571)* ::::: ::::: *Puzzle (572)* :::::

::::: *Puzzle (573)* ::::: ::::: *Puzzle (574)* ::::: ::::: *Puzzle (575)* ::::: ::::: *Puzzle (576)* :::::

::::: *Puzzle (577)* ::::: ::::: *Puzzle (578)* ::::: ::::: *Puzzle (579)* ::::: ::::: *Puzzle (580)* :::::

::::: *Puzzle (581)* ::::: ::::: *Puzzle (582)* ::::: ::::: *Puzzle (583)* ::::: ::::: *Puzzle (584)* :::::

::::: *Puzzle (585)* ::::: ::::: *Puzzle (586)* ::::: ::::: *Puzzle (587)* ::::: ::::: *Puzzle (588)* :::::

::::: *Puzzle (589)* ::::: ::::: *Puzzle (590)* ::::: ::::: *Puzzle (591)* ::::: ::::: *Puzzle (592)* :::::

::::: *Puzzle (593)* ::::: ::::: *Puzzle (594)* ::::: ::::: *Puzzle (595)* ::::: ::::: *Puzzle (596)* :::::

::::: *Puzzle (597)* ::::: ::::: *Puzzle (598)* ::::: ::::: *Puzzle (599)* ::::: ::::: *Puzzle (600)* :::::

::::: *Puzzle (601)* :::::   ::::: *Puzzle (602)* :::::   ::::: *Puzzle (603)* :::::   ::::: *Puzzle (604)* :::::

::::: *Puzzle (605)* :::::   ::::: *Puzzle (606)* :::::   ::::: *Puzzle (607)* :::::   ::::: *Puzzle (608)* :::::

::::: *Puzzle (609)* :::::   ::::: *Puzzle (610)* :::::   ::::: *Puzzle (611)* :::::   ::::: *Puzzle (612)* :::::

::::: *Puzzle (613)* :::::   ::::: *Puzzle (614)* :::::   ::::: *Puzzle (615)* :::::   ::::: *Puzzle (616)* :::::

::::: *Puzzle (617)* :::::   ::::: *Puzzle (618)* :::::   ::::: *Puzzle (619)* :::::   ::::: *Puzzle (620)* :::::

:::: *Puzzle (621)* ::::

:::: *Puzzle (622)* ::::

:::: *Puzzle (623)* ::::

:::: *Puzzle (624)* ::::

:::: *Puzzle (625)* ::::

:::: *Puzzle (626)* ::::

:::: *Puzzle (627)* ::::

:::: *Puzzle (628)* ::::

:::: *Puzzle (629)* ::::

:::: *Puzzle (630)* ::::

:::: *Puzzle (631)* ::::

:::: *Puzzle (632)* ::::

:::: *Puzzle (633)* ::::

:::: *Puzzle (634)* ::::

:::: *Puzzle (635)* ::::

:::: *Puzzle (636)* ::::

:::: *Puzzle (637)* ::::

:::: *Puzzle (638)* ::::

:::: *Puzzle (639)* ::::

:::: *Puzzle (640)* ::::

::::: *Puzzle (641)* ::::: ::::: *Puzzle (642)* ::::: ::::: *Puzzle (643)* ::::: ::::: *Puzzle (644)* :::::

::::: *Puzzle (645)* ::::: ::::: *Puzzle (646)* ::::: ::::: *Puzzle (647)* ::::: ::::: *Puzzle (648)* :::::

::::: *Puzzle (649)* ::::: ::::: *Puzzle (650)* ::::: ::::: *Puzzle (651)* ::::: ::::: *Puzzle (652)* :::::

::::: *Puzzle (653)* ::::: ::::: *Puzzle (654)* ::::: ::::: *Puzzle (655)* ::::: ::::: *Puzzle (656)* :::::

::::: *Puzzle (657)* ::::: ::::: *Puzzle (658)* ::::: ::::: *Puzzle (659)* ::::: ::::: *Puzzle (660)* :::::

::::: *Puzzle (661)* ::::: ::::: *Puzzle (662)* ::::: ::::: *Puzzle (663)* ::::: ::::: *Puzzle (664)* :::::

::::: *Puzzle (665)* ::::: ::::: *Puzzle (666)* ::::: ::::: *Puzzle (667)* ::::: ::::: *Puzzle (668)* :::::

::::: *Puzzle (669)* ::::: ::::: *Puzzle (670)* ::::: ::::: *Puzzle (671)* ::::: ::::: *Puzzle (672)* :::::

::::: *Puzzle (673)* ::::: ::::: *Puzzle (674)* ::::: ::::: *Puzzle (675)* ::::: ::::: *Puzzle (676)* :::::

::::: *Puzzle (677)* ::::: ::::: *Puzzle (678)* ::::: ::::: *Puzzle (679)* ::::: ::::: *Puzzle (680)* :::::

::::: *Puzzle (681)* :::::   ::::: *Puzzle (682)* :::::   ::::: *Puzzle (683)* :::::   ::::: *Puzzle (684)* :::::

::::: *Puzzle (685)* :::::   ::::: *Puzzle (686)* :::::   ::::: *Puzzle (687)* :::::   ::::: *Puzzle (688)* :::::

::::: *Puzzle (689)* :::::   ::::: *Puzzle (690)* :::::   ::::: *Puzzle (691)* :::::   ::::: *Puzzle (692)* :::::

::::: *Puzzle (693)* :::::   ::::: *Puzzle (694)* :::::   ::::: *Puzzle (695)* :::::   ::::: *Puzzle (696)* :::::

::::: *Puzzle (697)* :::::   ::::: *Puzzle (698)* :::::   ::::: *Puzzle (699)* :::::   ::::: *Puzzle (700)* :::::

::::: *Puzzle (701)* ::::: ::::: *Puzzle (702)* ::::: ::::: *Puzzle (703)* ::::: ::::: *Puzzle (704)* :::::

::::: *Puzzle (705)* ::::: ::::: *Puzzle (706)* ::::: ::::: *Puzzle (707)* ::::: ::::: *Puzzle (708)* :::::

::::: *Puzzle (709)* ::::: ::::: *Puzzle (710)* ::::: ::::: *Puzzle (711)* ::::: ::::: *Puzzle (712)* :::::

::::: *Puzzle (713)* ::::: ::::: *Puzzle (714)* ::::: ::::: *Puzzle (715)* ::::: ::::: *Puzzle (716)* :::::

::::: *Puzzle (717)* ::::: ::::: *Puzzle (718)* ::::: ::::: *Puzzle (719)* ::::: ::::: *Puzzle (720)* :::::

::::: *Puzzle (721)* ::::: ::::: *Puzzle (722)* ::::: ::::: *Puzzle (723)* ::::: ::::: *Puzzle (724)* :::::

::::: *Puzzle (725)* ::::: ::::: *Puzzle (726)* ::::: ::::: *Puzzle (727)* ::::: ::::: *Puzzle (728)* :::::

::::: *Puzzle (729)* ::::: ::::: *Puzzle (730)* ::::: ::::: *Puzzle (731)* ::::: ::::: *Puzzle (732)* :::::

::::: *Puzzle (733)* ::::: ::::: *Puzzle (734)* ::::: ::::: *Puzzle (735)* ::::: ::::: *Puzzle (736)* :::::

::::: *Puzzle (737)* ::::: ::::: *Puzzle (738)* ::::: ::::: *Puzzle (739)* ::::: ::::: *Puzzle (740)* :::::

::::: *Puzzle (741)* ::::: ::::: *Puzzle (742)* ::::: ::::: *Puzzle (743)* ::::: ::::: *Puzzle (744)* :::::

::::: *Puzzle (745)* ::::: ::::: *Puzzle (746)* ::::: ::::: *Puzzle (747)* ::::: ::::: *Puzzle (748)* :::::

::::: *Puzzle (749)* ::::: ::::: *Puzzle (750)* ::::: ::::: *Puzzle (751)* ::::: ::::: *Puzzle (752)* :::::

::::: *Puzzle (753)* ::::: ::::: *Puzzle (754)* ::::: ::::: *Puzzle (755)* ::::: ::::: *Puzzle (756)* :::::

::::: *Puzzle (757)* ::::: ::::: *Puzzle (758)* ::::: ::::: *Puzzle (759)* ::::: ::::: *Puzzle (760)* :::::

::::: *Puzzle (761)* ::::: ::::: *Puzzle (762)* ::::: ::::: *Puzzle (763)* ::::: ::::: *Puzzle (764)* :::::

::::: *Puzzle (765)* ::::: ::::: *Puzzle (766)* ::::: ::::: *Puzzle (767)* ::::: ::::: *Puzzle (768)* :::::

::::: *Puzzle (769)* ::::: ::::: *Puzzle (770)* ::::: ::::: *Puzzle (771)* ::::: ::::: *Puzzle (772)* :::::

::::: *Puzzle (773)* ::::: ::::: *Puzzle (774)* ::::: ::::: *Puzzle (775)* ::::: ::::: *Puzzle (776)* :::::

::::: *Puzzle (777)* ::::: ::::: *Puzzle (778)* ::::: ::::: *Puzzle (779)* ::::: ::::: *Puzzle (780)* :::::

::::: *Puzzle (781)* ::::: ::::: *Puzzle (782)* ::::: ::::: *Puzzle (783)* ::::: ::::: *Puzzle (784)* :::::

::::: *Puzzle (785)* ::::: ::::: *Puzzle (786)* ::::: ::::: *Puzzle (787)* ::::: ::::: *Puzzle (788)* :::::

::::: *Puzzle (789)* ::::: ::::: *Puzzle (790)* ::::: ::::: *Puzzle (791)* ::::: ::::: *Puzzle (792)* :::::

::::: *Puzzle (793)* ::::: ::::: *Puzzle (794)* ::::: ::::: *Puzzle (795)* ::::: ::::: *Puzzle (796)* :::::

::::: *Puzzle (797)* ::::: ::::: *Puzzle (798)* ::::: ::::: *Puzzle (799)* ::::: ::::: *Puzzle (800)* :::::

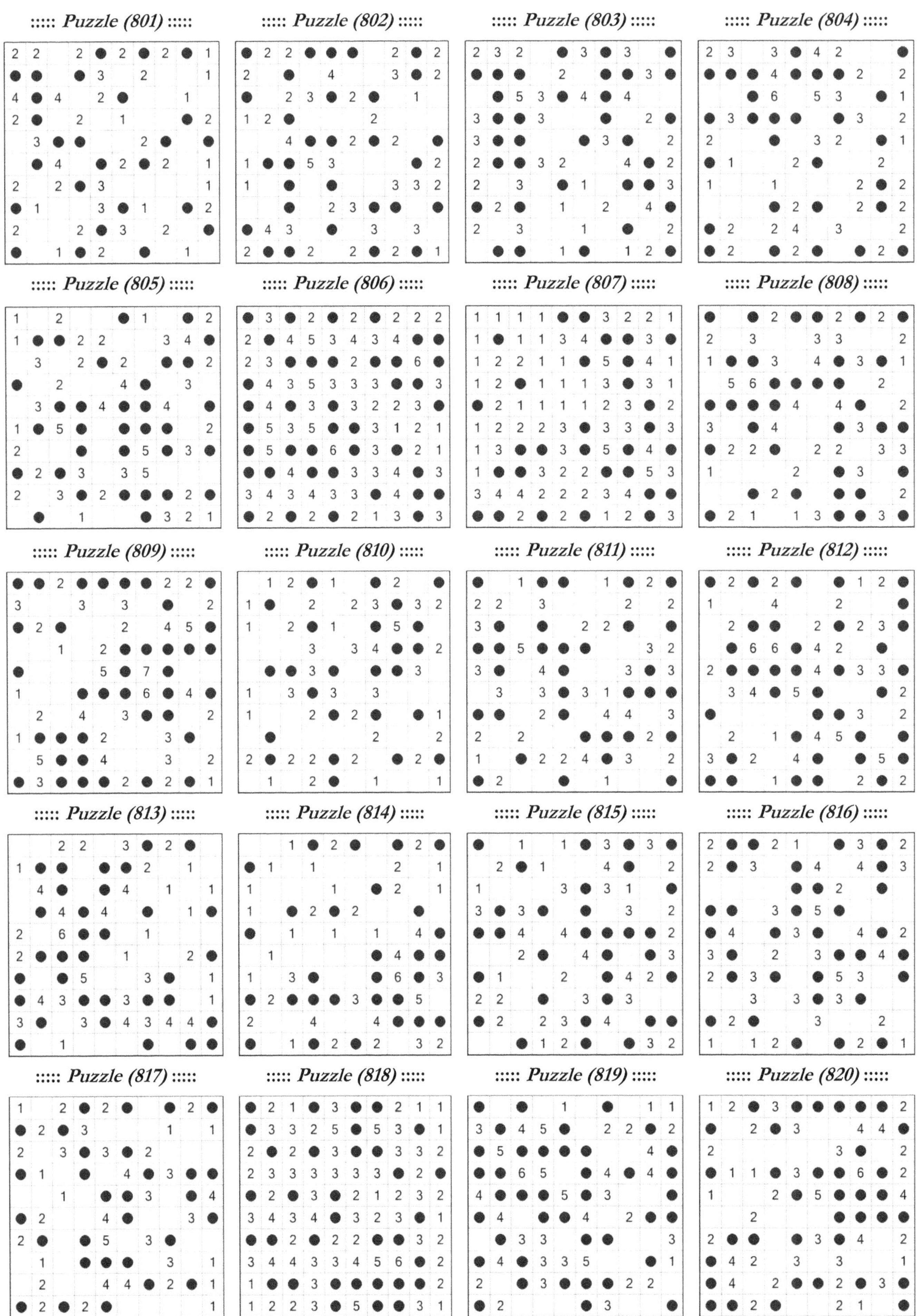

::::: *Puzzle (821)* :::::   ::::: *Puzzle (822)* :::::   ::::: *Puzzle (823)* :::::   ::::: *Puzzle (824)* :::::

::::: *Puzzle (825)* :::::   ::::: *Puzzle (826)* :::::   ::::: *Puzzle (827)* :::::   ::::: *Puzzle (828)* :::::

::::: *Puzzle (829)* :::::   ::::: *Puzzle (830)* :::::   ::::: *Puzzle (831)* :::::   ::::: *Puzzle (832)* :::::

::::: *Puzzle (833)* :::::   ::::: *Puzzle (834)* :::::   ::::: *Puzzle (835)* :::::   ::::: *Puzzle (836)* :::::

::::: *Puzzle (837)* :::::   ::::: *Puzzle (838)* :::::   ::::: *Puzzle (839)* :::::   ::::: *Puzzle (840)* :::::

::::: *Puzzle (841)* ::::: ::::: *Puzzle (842)* ::::: ::::: *Puzzle (843)* ::::: ::::: *Puzzle (844)* :::::

::::: *Puzzle (845)* ::::: ::::: *Puzzle (846)* ::::: ::::: *Puzzle (847)* ::::: ::::: *Puzzle (848)* :::::

::::: *Puzzle (849)* ::::: ::::: *Puzzle (850)* ::::: ::::: *Puzzle (851)* ::::: ::::: *Puzzle (852)* :::::

::::: *Puzzle (853)* ::::: ::::: *Puzzle (854)* ::::: ::::: *Puzzle (855)* ::::: ::::: *Puzzle (856)* :::::

::::: *Puzzle (857)* ::::: ::::: *Puzzle (858)* ::::: ::::: *Puzzle (859)* ::::: ::::: *Puzzle (860)* :::::

::::: *Puzzle (861)* ::::: ::::: *Puzzle (862)* ::::: ::::: *Puzzle (863)* ::::: ::::: *Puzzle (864)* :::::

::::: *Puzzle (865)* ::::: ::::: *Puzzle (866)* ::::: ::::: *Puzzle (867)* ::::: ::::: *Puzzle (868)* :::::

::::: *Puzzle (869)* ::::: ::::: *Puzzle (870)* ::::: ::::: *Puzzle (871)* ::::: ::::: *Puzzle (872)* :::::

::::: *Puzzle (873)* ::::: ::::: *Puzzle (874)* ::::: ::::: *Puzzle (875)* ::::: ::::: *Puzzle (876)* :::::

::::: *Puzzle (877)* ::::: ::::: *Puzzle (878)* ::::: ::::: *Puzzle (879)* ::::: ::::: *Puzzle (880)* :::::

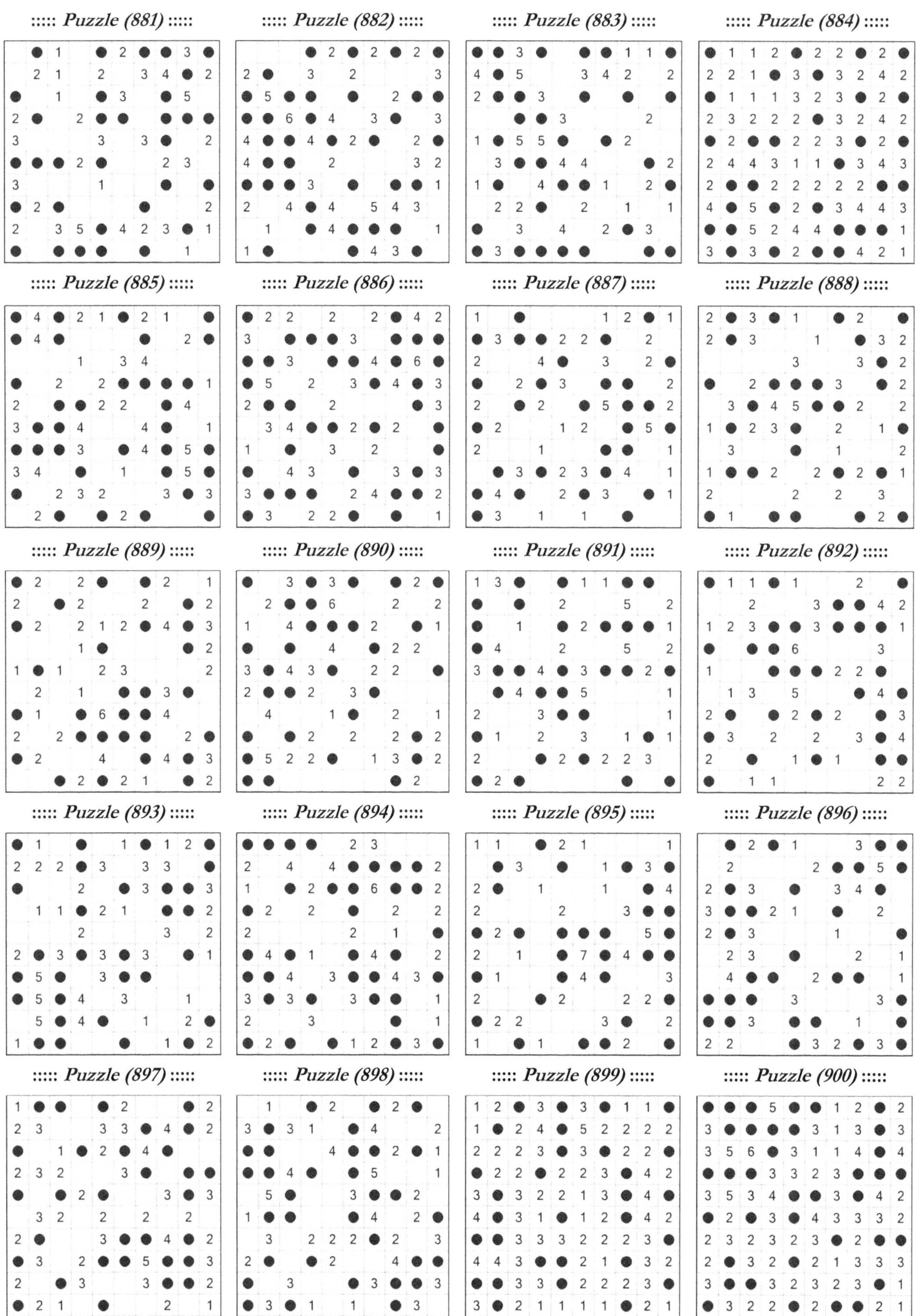

::::: *Puzzle (901)* :::::   ::::: *Puzzle (902)* :::::   ::::: *Puzzle (903)* :::::   ::::: *Puzzle (904)* :::::

::::: *Puzzle (905)* :::::   ::::: *Puzzle (906)* :::::   ::::: *Puzzle (907)* :::::   ::::: *Puzzle (908)* :::::

::::: *Puzzle (909)* :::::   ::::: *Puzzle (910)* :::::   ::::: *Puzzle (911)* :::::   ::::: *Puzzle (912)* :::::

::::: *Puzzle (913)* :::::   ::::: *Puzzle (914)* :::::   ::::: *Puzzle (915)* :::::   ::::: *Puzzle (916)* :::::

::::: *Puzzle (917)* :::::   ::::: *Puzzle (918)* :::::   ::::: *Puzzle (919)* :::::   ::::: *Puzzle (920)* :::::

::::: *Puzzle (921)* :::::   ::::: *Puzzle (922)* :::::   ::::: *Puzzle (923)* :::::   ::::: *Puzzle (924)* :::::

::::: *Puzzle (925)* :::::   ::::: *Puzzle (926)* :::::   ::::: *Puzzle (927)* :::::   ::::: *Puzzle (928)* :::::

::::: *Puzzle (929)* :::::   ::::: *Puzzle (930)* :::::   ::::: *Puzzle (931)* :::::   ::::: *Puzzle (932)* :::::

::::: *Puzzle (933)* :::::   ::::: *Puzzle (934)* :::::   ::::: *Puzzle (935)* :::::   ::::: *Puzzle (936)* :::::

::::: *Puzzle (937)* :::::   ::::: *Puzzle (938)* :::::   ::::: *Puzzle (939)* :::::   ::::: *Puzzle (940)* :::::

Puzzle (941) Puzzle (942) Puzzle (943) Puzzle (944)

Puzzle (945) Puzzle (946) Puzzle (947) Puzzle (948)

Puzzle (949) Puzzle (950) Puzzle (951) Puzzle (952)

Puzzle (953) Puzzle (954) Puzzle (955) Puzzle (956)

Puzzle (957) Puzzle (958) Puzzle (959) Puzzle (960)

(217)

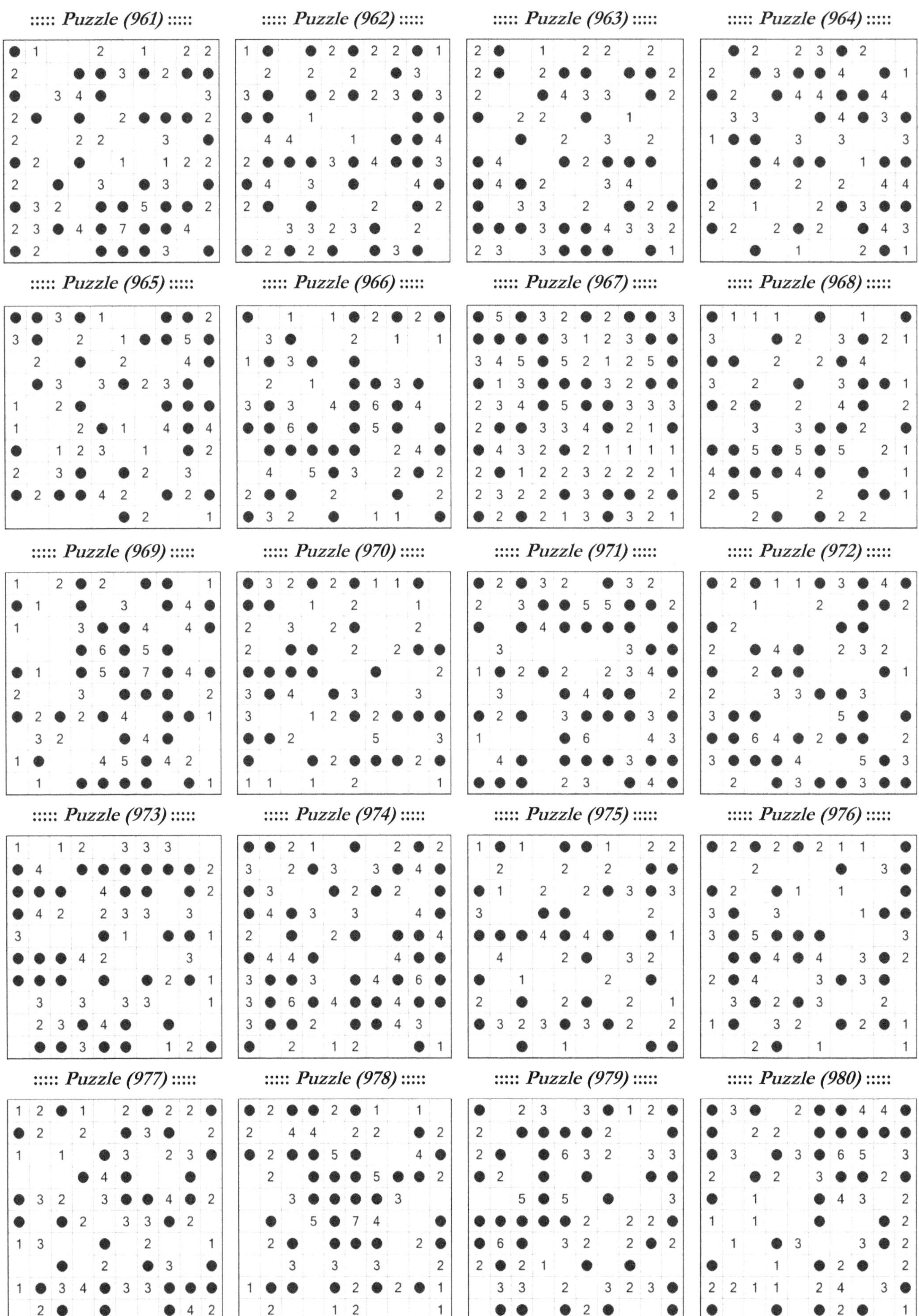

::::: *Puzzle (961)* ::::: ::::: *Puzzle (962)* ::::: ::::: *Puzzle (963)* ::::: ::::: *Puzzle (964)* :::::

::::: *Puzzle (965)* ::::: ::::: *Puzzle (966)* ::::: ::::: *Puzzle (967)* ::::: ::::: *Puzzle (968)* :::::

::::: *Puzzle (969)* ::::: ::::: *Puzzle (970)* ::::: ::::: *Puzzle (971)* ::::: ::::: *Puzzle (972)* :::::

::::: *Puzzle (973)* ::::: ::::: *Puzzle (974)* ::::: ::::: *Puzzle (975)* ::::: ::::: *Puzzle (976)* :::::

::::: *Puzzle (977)* ::::: ::::: *Puzzle (978)* ::::: ::::: *Puzzle (979)* ::::: ::::: *Puzzle (980)* :::::

::::: *Puzzle (981)* :::::   ::::: *Puzzle (982)* :::::   ::::: *Puzzle (983)* :::::   ::::: *Puzzle (984)* :::::

::::: *Puzzle (985)* :::::   ::::: *Puzzle (986)* :::::   ::::: *Puzzle (987)* :::::   ::::: *Puzzle (988)* :::::

::::: *Puzzle (989)* :::::   ::::: *Puzzle (990)* :::::   ::::: *Puzzle (991)* :::::   ::::: *Puzzle (992)* :::::

::::: *Puzzle (993)* :::::   ::::: *Puzzle (994)* :::::   ::::: *Puzzle (995)* :::::   ::::: *Puzzle (996)* :::::

::::: *Puzzle (997)* :::::   ::::: *Puzzle (998)* :::::   ::::: *Puzzle (999)* :::::   ::::: *Puzzle (1000)* :::::

Special Bonus for Logic Puzzles Lovers

Please go to the link below to download and print this 500 Easy to Hard logic puzzles and start having fun.

https://bit.ly/2BM2LSC

A Special Request

Your brief review could really help us.

Thank you for your support

www.ingramcontent.com/pod-product-compliance
Lightning Source LLC
Chambersburg PA
CBHW080900160726
48000CB00009B/2802